Weitere Titel der Autorin:

Natural Born Chillers

Liebe in echt

Lilo auf Löwenstein

Wen küss ich und wenn ja, wie viele?

Wer liebt mich und wenn nicht, warum?

Wenn Liebe die Antwort ist, wie lautet die Frage?

Wenn das Leben dich nervt, streu Glitzer drauf

Wolke 7 ist auch nur Nebel

Titel auch als E-Book erhältlich.

Mara Andeck

Strandgut

Mein Buch vom Meer

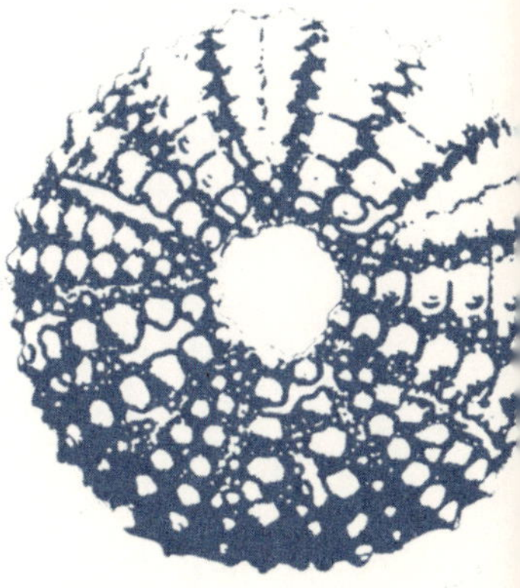

Lübbe

BASTEI LÜBBE TASCHENBUCH
Band 60946

Dieser Titel ist auch als E-Book erschienen

Originalausgabe

Satz und Gestaltung: Anette Beckmann
Gesetzt aus der: TheSerif
Druck und Verarbeitung: CPI books GmbH, Leck – Germany
Printed in Germany
ISBN 978-3-404-60946-8

5 4 3 2 1

Sie finden uns im Internet unter www.luebbe.de
Bitte beachten Sie auch: www.lesejury.de

Inhalt

Einleitung

Man sitzt viel zu selten am Meer ...

Mir geht es oft wie dem Matrosen Ismael im Roman Moby Dick: „Immer, wenn ich merke, dass ich um den Mund herum grimmig werde, immer, wenn in meiner Seele nasser, niesliger November herrscht“, sagt er, „dann ist es höchste Zeit für mich, sobald ich kann auf See zu kommen.“ Und er weiß auch: „Daran ist nichts Überraschendes. Von Zeit zu Zeit hegen fast alle Menschen, ob sie’s wissen oder nicht, in etwa dieselben Gefühle für das Weltmeer wie ich.“ Stimmt. Wenn ich lange keine Wellen, keine Gischt und keine Möwen gesehen habe, werde ich vor lauter „Meerweh“ gereizt und miesepetrig. Und ich kenne viele, denen es so geht.
Gerade jetzt habe ich dieses Problem aber nicht. Ich bin auf einer Fähre, umgeben von blauglitzerndem Wasser, lehne an der Reling und mache mir Notizen auf einem Block, um diesen Moment für immer festzuhalten. Um den Mund herum bin ich entspannt, und in meiner Seele herrscht Sommer.

Wie ich so auf die Wellen blicke und meine Gedanken treiben lasse, tauchen in meinem Kopf Fragen auf: Wie kommt überhaupt so viel Wasser auf die Erde? Und was verbirgt sich unter dieser glitzernden Oberfläche? Versunkene Städte? Gekenterte Schiffe?

Segeln eigentlich immer noch Piraten über die sieben Weltmeere? Und, hey, sind es überhaupt sieben? Ich zähle nach und komme nur auf fünf.

Über mir kreisen Möwen. Wo schlafen sie eigentlich? Was trinken sie auf hoher See? Und wie trinken Fische im Meer?

Mein Blick fällt wieder aufs Wasser, und ich frage mich, welche Fische es hier gibt. Haie? Rochen? Seeteufel?

Und gibt es hier Tintenfische? Seepferdchen? Wale?

Plötzlich will ich das alles wissen, und noch viel mehr.

Und dann ist da eine Idee: Ich könnte meine Fragen sammeln, Antworten suchen und daraus ein Buch machen.

Kein schweres Werk, das wie ein Stein auf den Grund der Dinge sinkt, lieber eins, das Meereszauber und Glitzerlicht einfängt und seine Leser zum Träumen, Sinnen und Weiterspinnen veranlasst. Man müsste es nicht von vorn bis hinten durchlesen, um es zu verstehen. Jeder könnte sich die Kapitel herausfischen, die ihm interessant und wichtig erscheinen. Ich könnte thematisch am Strand beginnen und mich immer weiter auf die offene See hinaustreiben lassen. Wissenswertes und Witziges sammeln, Gedanken und Gedichte, Meeresmagie und Mythen. Ein Buch für alle, die das Meer lieben, könnte es werden. Für diejenigen, die gerade aufs Wasser blicken und ähnliche Fragen haben wie ich. Und für alle, die das Meer vermissen, weil sie gerade nicht dort sein können. Ein Buch, das um den Mund herum fröhlich macht und Sommer in die Seele bringt, egal, wo man ist.

Man sitzt ja wirklich viel zu selten am Meer. Aber man könnte auch in Gedanken dorthin reisen. Mit diesem Buch zum Beispiel. Gedacht, getan. Hier ist es.

Teil 1

Am Strand

Wie anziehend, wie fesselnd
sind doch Meer und Strand!
Wie verliert man sich in ihrer Einfachheit,
ja, in ihrer Leere!

Walt Whitman

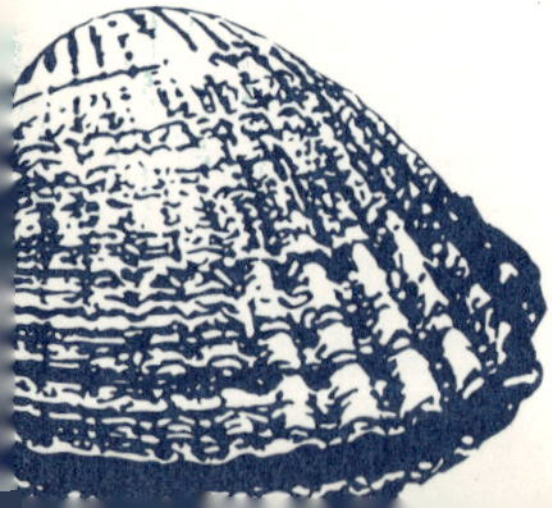

Welche Farbe hat das Meer?

Die alten Ägypter nannten es „das große Schwarze“ oder „das große Grüne“. Und der griechische Philosoph Aristoteles entschied, das Meer sei „dunkel“. An Stränden mit weißem Sand kann es aber auch leuchtend türkis sein. Im Winter ist es außerdem oft grau, bei Sturm sogar braun.
Aber meistens ist das Meer doch eindeutig blau. Und das macht wohl einen Teil seiner Faszination aus. Denn Blau ist nicht nur die Farbe unseres Planeten, sondern auch die Farbe des Glücks.
Umfragen zeigen: Blau ist weltweit die beliebteste Farbe. Sie steht fast ausnahmslos für positive Gefühle. Der Himmel ist blau, deswegen symbolisiert Blau für uns Freiheit, Ferne und die Sehnsucht.
Wenn wir einfach so nicht zur Arbeit gehen, machen wir blau. In vielen Kulturen ist Blau außerdem eine heilige Farbe, nicht zuletzt in der christlichen. Marias Gewand zum Beispiel ist blau.
Aber Blau steht auch für Romantik, Fantasie, Vertrauen, Ruhe und Entspannung. Studien haben gezeigt, dass Blau den Blutdruck senkt, beruhigt und kreativ macht.
Natürlich gibt es auch den Blues, eine traurige, melancholische Stimmung. Aber wie man der gleichnamigen Musik anhört, ist ein Blues Wehmut voll Harmonie, in der man durchaus auch mal mit Genuss schwelgen kann.

Und selbst wenn wir blau sind, weil wir zu viel getrunken haben, fühlen wir uns nicht zwangsläufig unwohl.
Sogar Insekten lieben übrigens, entgegen anderslautender Theorien, nicht nur Gelb und Rot, sondern auch die Farbe Blau.
Blau ist aber nicht gleich Blau.
Die Farbe hat viele Facetten:

miralblau, Adriablau, Ägäisblau, Algenblau, Aquablau, Aquamarinblau,

ktisblau, Atlantikblau, Azurblau, Basaltblau, Blassblau, Blaugrün,

uviolett, Blitzblau, Brillantblau, Capriblau, Dämmerungsblau,

lphinblau, Dunkelblau, Dunkeltürkis, Eisblau, Eisvogelblau, Eiswasserblau,

tenblau, Fjordblau, Frostblau, Gewitterblau, Gletscherblau, Graublau,

ottenblau, Grünblau, Hellblau, Helltürkis, Himmelblau, Horizontblau,

digoblau, Kapitänsblau, Blau, Karibikblau, Klarblau, Knallblau, Königsbla

önigsfischerblau, Kristallblau, Lagunenblau, Lapislazuliblau, Lichtblau,

ilablau, Luftblau, Marienblau, Matrosenblau, Meerblau, Mittelmeerblau,

Mitternachtblau, Möwenblau, Nachtblau, Nebelblau, Neptunblau, Opalblau,

zeanblau, Pastellblau, Pazifikblau, Polarblau, Südseeblau, Tiefblau,

Tiefhimmelblau, Tiefseeblau, Tieftürkis, Türkisblau, Ultramarinblau,

Violettblau, Wasserblau, Winterblau, Wolkenblau, Zyanblau.

Und warum sind Meere blau? Eigentlich ist Wasser ja durchsichtig.
Früher dachte man, der Himmel würde dem Meer die Farbe geben, weil er sich im Wasser spiegelt. Aber in Wahrheit ist es umgekehrt: Die Wassermoleküle in der Luft geben dem Himmel seine Farbe, sie lassen ihn blau erscheinen.
Die wissenschaftliche Erklärung für die blaue Farbe des Meeres ist viel komplizierter. Um sie zu verstehen, muss man sich erst einmal klarmachen, was Farben überhaupt sind.
Wenn wir zum Beispiel malen, erscheinen uns Farben wie eine farbige Substanz, in die wir den Pinsel tauchen, um sie aufs Papier aufzutragen. Aber physikalisch betrachtet gibt es Farben eigentlich gar nicht. Unsere Sehzellen erschaffen den Farbeindruck, der in unserem Gehirn ankommt, aus Licht.
In Licht sind alle Wellenlängen vorhanden. Wenn es hell auf eine Oberfläche trifft, werden manche Wellenlängen von dieser Fläche absorbiert, also aufgenommen, andere werden reflektiert, also zurückgeworfen. Und unsere Sehzellen nehmen nur die Wellenlängen wahr, die reflektiert werden. Kurzwelliges Licht kommt uns dabei blau vor, langwelliges rot.
Wir pinseln also beim Malen genau genommen nur eine Substanz aufs Papier, die Licht teilweise schluckt und teilweise zurückwirft.
Wenn nun Licht aufs Meer trifft, wird graues Licht reflektiert. Eigentlich müsste uns jeder Ozean also wie eine riesige, graue Fläche vorkommen.

Weil Wasser aber durchsichtig ist, dringen neunzig Prozent des Lichts in tiefere Schichten ein, wo es auf unzählige Kleinstteilchen trifft: Wassermoleküle, Plankton, sogenannte Gelbstoffe, schwebende Sandkörner oder auch Mikroorganismen. Und die streuen das eingedrungene Licht in alle Richtungen. Dabei wird langwelliges, rotes Licht geschluckt, das blaue Licht bleibt sichtbar, und wenn viele Gelbstoffe im Wasser gelöst sind, wirkt es grün.

Grundsätzlich gilt für die Farbe von Meeren:

- Tiefere Ozeane sind blauer als
  flachere Küstengewässer.

- Planktonreiche Meere sind grüner
  als weniger fruchtbare Meere.

- Wenn bei schlechtem Wetter
  wenig Licht vorhanden ist,
  erscheint das Meer grau.

Glitzerwasser

Das türkische Wort Yakamoz bedeutet:
der Widerschein des Mondes auf dem Wasser.

Die Schweden kennen ein ähnliches Wort:
Mångata, wörtlich Mondstraße, so heißt
der Widerschein des Mondes auf dem Wasser,
der an eine Straße erinnert.

Champagnerluft

Am Meer herrscht Reizklima. Das klingt eigentlich nicht, als könne man sich in diesem Klima erholen. Aber genau so ist es, gerade dieses Reizklima ist der Grund für die heilsame Wirkung von Meeresluft.

Im Gegensatz zu den meisten anderen Landschaften der Erde bietet die Meeresküste nämlich eine Umgebung, die alle Sinne stimuliert. Wer auf einem Steg steht, gegen den Wogen klatschen, oder wer bei starker Brandung am Strand entlangwandert, hört, riecht, sieht und schmeckt das Meer nicht nur, er spürt auch Wind, Wasser und Temperaturschwankungen, atmet Salz, Jod und winzige Wassertröpfchen ein, seine Haut nimmt UV-Strahlung auf. Und all das wirkt nicht nur äußerlich, sondern bringt den Körper auch innerlich auf Hochtouren. Wo Wasser und Wind kühlen, müssen Wärmeverluste ausgeglichen werden. Der Blutdruck steigt, alle Organe arbeiten mehr als sonst. Die Feuchtigkeit in der Luft löst außerdem festsitzenden Schleim in den Atemwegen, das Salz heilt Entzündungen. Der ganze Körper wird also angeregt – damit hat eine frische Meeresbrise ungefähr dieselbe Wirkung wie ein Glas Champagner, und das ganz ohne Alkohol. Meeresluft ist außerdem abgas- und pollenfrei und entlastet die Atemwege.

Der Name Reizklima sagt aber auch, dass diese Wirkung nicht ohne Nebenwirkungen ist: Je stärker die Reize, desto mehr wird der Körper gefordert.
Wenn das Immunsystem beim Klimawechsel anfangs noch überfordert ist, können sich Krankheiten zunächst verschlechtern, schlummernde Infekte können ausbrechen, Asthma kann sich bei Wind und Kälte sogar verstärken. Und manche macht das Reizklima auch einfach nur unendlich müde.
Aber nach ein paar Tagen setzt ein Abhärtungseffekt ein, das Immunsystem wird leistungsfähiger, und das hält auch noch an, wenn man nach dem Meeresbesuch längst wieder zu Hause ist.
Generell gilt: Nordsee und Atlantik haben ein starkes Reizklima. Wer empfindlich ist, sollte hier einen längeren Urlaub planen und sich in den ersten Tagen nichts vornehmen. Bei manchen Krankheitsbildern ist das Klima der Nordsee sogar zu intensiv. Bei starkem Bluthochdruck zum Beispiel. Leichter bekömmlich ist das Ostseeklima, viele Reisende berichten hier von einer wohltuenden Wirkung auf den Schlaf.
Beim Urlaub am Mittelmeer fehlt meist der Kältereiz. Und bei Hitze liegt man hier außerdem lieber faul auf dem Handtuch, als am Strand entlangzuwandern. Das Immunsystem wird also nicht wie an den anderen Meeren aufgewirbelt und durchgepustet. Trotzdem ist auch am Mittelmeer die Luft allergenarm, Salz und Sonne heilen viele Hautkrankheiten, und die Seele kann sich beim Anblick der glitzernden, blauen Weite wundervoll regenerieren.

Welches Meer passt zu mir?

Nordsee? Ostsee? Atlantik? Mittelmeer? Oder doch lieber schneebedeckte Gipfel? Wer fühlt sich im Urlaub an welchem Meer wohl? Und wer sollte zur Erholung lieber in die Berge fahren?
Tourismusforscher und Landschaftspsychologen haben diese Fragen schon in mehreren Studien untersucht und dabei herausgefunden: Bergtypen brauchen grundsätzlich festen Boden unter den Füßen, Meerestypen lassen sich gern auch mal treiben. Aber sie haben auch erkannt: Bei dieser Einteilung muss man noch weiter differenzieren. Berg ist nicht gleich Berg und Meer nicht gleich Meer.

Hier ein kurzer Selbsttest auf der Basis solcher Studien:

Welcher Urlaubstyp bin ich?

Bitte jeweils die Antwort wählen, die am ehesten zutrifft!

Frage 1: Wie wichtig ist mir im Urlaub eine schöne Aussicht?

a) Sehr wichtig! Ich brauche Wiesen und Bäume um mich herum. Wenn es grünt und blüht, bin ich so richtig glücklich.

b) Sehr wichtig! Für einen tollen Blick nehme ich einiges an Strapazen auf mich.

c) Sehr wichtig! Wenn ich im Urlaub mit der Familie Zeit verbringe, möchte ich gern auch mal was anderes sehen als sonst.

d) Sehr wichtig! Ich brauche Licht und Weite. Ich kann eine Aussicht stundenlang genießen.

e) Sehr wichtig! Ich liebe romantische Orte mit viel Flair.

Frage 2: Wie wichtig ist mir im Urlaub Geselligkeit?

a) Ich gehe nicht gezielt in den Urlaub, um Leute kennenzulernen, schließlich reise ich, um Zeit mit meinem Partner/meiner Partnerin zu verbringen. Ich freue mich aber, wenn ich Gleichgesinnte treffe und ein bisschen plaudern kann.

b) Wenn ich jemanden mit guter Kondition und ähnlichen Interessen treffe, spricht nichts gegen ein gemeinsames Stück Weg oder ein kurzes Gespräch. Aber eigentlich möchte ich im Urlaub endlich mal nicht ständig auf andere Rücksicht nehmen müssen.

c) Ich würde eigentlich am liebsten in Ruhe ein Buch lesen. Aber das kann ich besser, wenn die Kinder Abwechslung haben und Spielkameraden finden. Deswegen habe ich nichts gegen belebte Ferienorte.

d) Ich nutze meinen Urlaub gern, um endlich mal schweigen und über mein Leben nachdenken zu können.

e) Sehr wichtig! Ich lerne gern neue Menschen kennen und freue mich auf Gespräche und Gelächter.

Frage 3: Wie wichtig ist mir im Urlaub das Wetter?

a) Schon wichtig. Aber wenn's mal regnet, ist das nicht schlimm. Dann mache ich es mir drinnen mit einem Buch oder vorm Fernseher gemütlich.

b) Man muss das Wetter bei der Planung klug berücksichtigen und für eine gute Ausrüstung sorgen. Dann ist es nicht so schlimm, wenn es mal regnet. Aber ärgerlich ist es schon.

c) Es gibt kein schlechtes Wetter. Nur falsche Kleidung.

d) Ich liebe alle Arten von Wetter und spüre sie gern auf der Haut.

e) Sonne belebt mich und macht mich glücklich. Wenigstens im Urlaub kann und will ich nicht drauf verzichten.

Frage 4: Urlaub ist für mich ...

a) ... eine gute Gelegenheit, es mir so richtig schön zu machen und das Leben zu genießen.

b) ... eine gute Gelegenheit, mich selbst endlich mal wieder zu spüren und zu beweisen.

c) ... eine gute Gelegenheit, um viel Zeit mit meinen Lieben zu verbringen.

d) ... eine gute Gelegenheit, um mich mal wieder zu fragen, wo ich stehe und was ich will.

e) ... eine gute Gelegenheit zum Spaß haben, Chillen und Flirten.

Auswertung: Welcher Buchstabe kommt am häufigsten vor?

Typ A: Der Mittelgebirgstyp
Liebt sanfte Hügel, grüne Wiesen, Kuhglocken und deftige Mahlzeiten. Scharfe Landschaftskontraste und raue Winde sind ihm unangenehm, zu viel Weite macht ihm Angst. Dieser Typ ist gemütlich, legt wenig Wert auf Äußerlichkeiten, Ehrgeiz ist ihm fremd.

Typ B: Der Hochgebirgstyp

Einsamkeit. Gletscher. Klettersteige. Schroffe Felsen. So sieht die Urlaubswelt des Hochgebirgstyps aus. Diese Urlauber brauchen Herausforderung, Selbstbestätigung, das Kräftemessen mit der Natur. Hochgebirgsfans sind dynamische, sportliche Willenstypen und gern auch mal ganz allein unterwegs.

Typ C: Der Ostseetyp

Ruhe, Ausgeglichenheit, Spiel, Spaß, Familie. Das alles sucht der Ostseetyp in den Ferien. Zusammen mit den Kindern eine Sandburg bauen, das macht ihn glücklich. Er träumt zwar durchaus mal von Freiheit und kennt Fernweh. Aber beim Träumen darf es bleiben. Sicherheit und Geborgenheit sind diesen Urlaubern wichtiger als weite Reisen.

Typ D: Der Nordsee- oder Atlantiktyp

Der Kämpfer unter den Meerestypen braucht Wind, Wetter und Gezeiten. Ein Fan rauer See ist ein dynamischer, aktiver Individualist, der viel Freiheit braucht. Dabei wirkt er aber meist ruhig und gelassen, Aggressivität ist ihm fremd.

Typ E: Der Mittelmeertyp

Für diese Urlauber ist das Meer eine wundervolle Riesenbadewanne. Sie sehnen sich nach Sonne und lieben Geselligkeit. Baden, am Strand liegen, shoppen, Partys, so sieht für diesen Typ ein gelungener Urlaub aus. Sehen und Gesehenwerden ist dabei wichtig. Und ein Flirt kann auch nicht schaden.

Nichts davon passt? Macht nichts, es gibt noch mehr Urlaubsideen. Wie wäre es mit einem City-Trip? Einer Safari? Einer Wüstentour? Einer Fahrt mit der transsibirischen Eisenbahn? Oder Ferien zu Hause? Wenn alle anderen weg sind, kann es auch dort sehr erholsam sein!

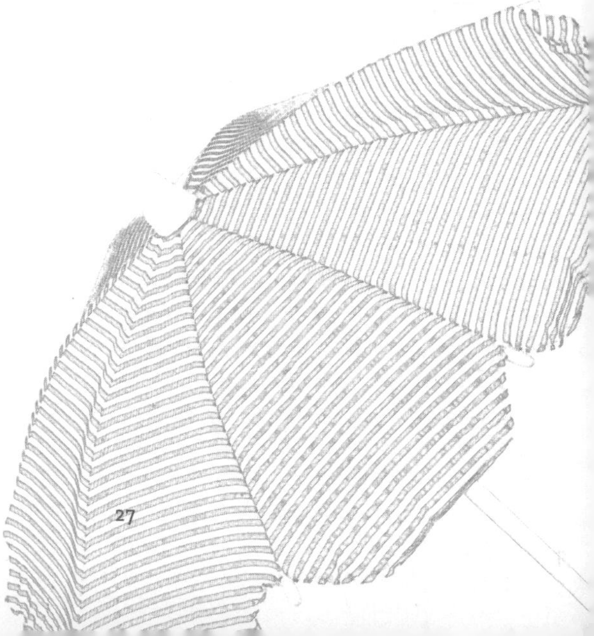

Die Kunst, richtig zu reisen

Entwirf deinen Reiseplan im Großen – und lass dich im Einzelnen von der bunten Stunde treiben. Die größte Sehenswürdigkeit, die es gibt, ist die Welt – sieh sie dir an.

Niemand hat heute ein so vollkommenes Weltbild, dass er alles verstehen und würdigen kann: Hab den Mut, zu sagen, dass du von einer Sache nichts versteht.
Nimm die kleinen Schwierigkeiten der Reise nicht so wichtig; bleibst du einmal auf einer Zwischenstation sitzen, dann freu dich, dass du am Leben bist, sieh dir die Hühner an und die ernsthaften Ziegen, und mach einen kleinen Schwatz mit dem Mann im Zigarrenladen.

Entspanne dich. Lass das Steuer los. Trudele durch die Welt.
Sie ist so schön:
Gib dich ihr hin, und sie wird sich dir geben.

Kurt Tucholsky

Der Duft des Meeres

Wie soll man den einzigartigen, charakteristischen Geruch des Meeres beschreiben? Ist er herb? Würzig? Lebendig? Duftet das Meer nach Freiheit? Abenteuer? Dem Kampf mit Elementen? Oder nach Ferien?

Alles falsch. Achtung, jetzt wird es unromantisch: Das Meer riecht nach Dimethylsulfid. Das ist eine schwefelhaltige organische Verbindung, die Bakterien aus sterbenden Algen herstellen. Dimethylsulfid kommt in der Natur auch in anderen Zusammenhängen vor, zum Beispiel in Mundgeruch und am Hinterteil von paarungsbereiten Hamsterweibchen. (Ein Aufenthalt am Meer muss für Hamstermännchen überaus verwirrend sein.)

Tja, so ist das. Und trotzdem sollte man den anrüchigen Duftstoff nicht vorschnell verurteilen. Er ist nämlich eins der wichtigsten Gase im globalen Klimahaushalt. Über den Ozeanen fungieren die winzigen Partikel als sogenannte Kondensationskeime. An ihnen können sich feine Wassertröpfchen bilden, die schließlich zu Wolken heranwachsen und das Sonnenlicht zurück ins All reflektieren. Damit kühlen sie die Erde ganz erheblich ab. Wenn sich das Klima erwärmt, bilden sich mehr Algen, und dann entsteht natürlich auch mehr kühlendes Dimethylsulfid. Unser Planet besitzt also Selbstheilungskräfte gegen die Klimaerwärmung.

Wonach riecht also das Meer? Unter anderem nach Hoffnung. Und das nicht nur für Hamstermännchen.

Meeresrauschen

Meeresrauschen beruhigt, und zwar sogar dann, wenn es nur vom Band kommt. Eine Studie an der Universität Witten/Herdecke hat gezeigt, dass Zahnarztpatienten selbst bei einer Wurzelbehandlung ruhiger bleiben und weniger Schmerz empfinden, wenn sie dabei Meeresrauschen hören.

Eigentlich ist das seltsam. Meeresrauschen klingt objektiv betrachtet auch nicht viel anders als das Rauschen einer vielbefahrenen Autobahn. Und dieses Geräusch würde garantiert niemand als beruhigend oder gar schmerzdämpfend empfinden. Außer vielleicht ein Baby. Neugeborene schlafen bei allen gleichmäßigen Geräuschen besser ein.

Und genau daran sieht man sehr schön, dass die wohltuende Wirkung, die das Meeresrauschen auf viele Menschen ausübt, zu einem großen Teil wohl erlernt ist. Wer das Meer immer nur im Urlaub erlebt, verknüpft seinen Anblick, seine Geräusche und Gerüche irgendwann zwangsläufig mit dem Gefühl von Entspannung. Und wenn das gelungen ist, reicht irgendwann sogar schon der Gedanke ans Meer, um lockerzulassen und tief durchzuatmen. Der Gedanke an eine Autobahn hat diese Wirkung natürlich nicht.

Und so ist es nicht verwunderlich, dass Verkehrslärm schon ab einer Lautstärke von fünfundsechzig Dezibel als quälend empfunden wird, während Meeresrauschen selbst bei einer Lautstärke von hundert Dezibel noch positiv besetzt ist. Zum Vergleich: Das ist ungefähr ein Unterschied wie zwischen Musik bei Zimmerlautstärke und Discomusik.

Muschelklang

Schon Kinder wissen: Wer Meeresrauschen hören will, kann sich auch eine große Muschel ans Ohr halten. Denn darin rauscht es, selbst wenn man vom Meer meilenweit entfernt ist. Aber warum?

Genaugenommen sind es keine Muscheln, die man sich hierfür ans Ohr hält, sondern die Gehäuse von Meeresschnecken. Früher dachte man, in ihren gewundenen Gängen würden sich die Geräusche des eigenen Blutes, das durch die Adern rauscht, fangen und verstärken. Aber dann stellten Wissenschaftler fest, dass nicht nur Menschen das Meeresrauschen in großen Schneckenhäusern wahrnehmen. Sogar empfindliche Mikrofone, die sie ganz nah an Schneckenhäuser hielten, zeichneten es auf. Und die haben ja bekanntlich keine pulsierenden Adern.

Inzwischen vermuten Forscher, dass das Schneckengehäuse wie eine Resonanzkammer wirkt und die ganz normalen Alltagsgeräusche, die fast unmerklich immer um uns herum existieren, verändert. Manche werden durch die Gehäusewindungen verstärkt, andere abgeschwächt. Übrig bleibt ein Rauschen, das ans Meer erinnert. Und da klingt nicht jede Schnecke gleich: Größere rauschen tiefer als kleinere.

Leg eine Muschel an dein Ohr

Leg eine Muschel an dein Ohr,
wie Kinder tun und lächelnd lauschen –
du hörst der Wellen singenden Chor,
Du hörst das Meer
von altersher
noch immer leise rauschen.

So lebt in deinem Innern auch
von deiner Jugend Spiel und Singen
doch immer noch ein seliger Hauch.
Lausch' nur zurück,
du hörst das Glück
noch immer leise klingen.

Carl Wolff

Musik und Meer

Wer das mit dem Meeresrauschen beim nächsten Zahnarztbesuch ausprobieren will, kann im Internet viele Aufnahmen finden. Noch schöner wird's aber mit Musik. Es gibt viele Popsongs, bei denen im Hintergrund Wogen rauschen. Und diese Musik hilft nicht nur gegen Zahnweh, sondern sogar gegen Fernweh.

Hier ein paar Vorschläge für eine Playlist aus sechs Jahrzehnten:

1. Otis Redding – Sittin' On The Dock Of The Bay (1967)

Den Kultsong kennt jeder, und trotzdem kann man ihn gar nicht oft genug hören. Er beginnt mit Meeresrauschen, darauf folgen ruhige Gitarrenklänge und die rauchige Stimme des „King of Soul". Redding beschreibt in dem Lied, wie er in der Morgensonne an der San Francisco Bay sitzt und einlaufende Schiffe beobachtet. Trauriges Hintergrundwissen: Drei Tage nach der Aufnahme starb Otis Redding bei einem Flugzeugabsturz.

2. The Jam – English Rose (1978)
Meeresrauschen. Ein Schiffshorn tutet. Ein Mann ist fern der Heimat und vermisst seine große Liebe. Das ist der Stoff, aus dem Melancholie gemacht wird. Und wunderschöne Musik zum Wegträumen.

3. Mark Knopfler – The Mist covered Mountains (1982)
Also, hier gibt's wirklich nichts, was einem beim Hören die Plomben ziehen könnte. Meeresrauschen und ein altes schottisches Volkslied, rein instrumental arrangiert, Harmonie pur. Deswegen merkt man auch nicht, dass es in dem Lied gar nicht ums Meer geht, sondern um nebelbedeckte Berge, wie schon der Name sagt. Macht aber nichts. Bei kaum einem Song kann man besser vom Meer träumen als bei diesem.

4. Robbie Williams – Stand Your Ground (1998)
Ein Hidden Track auf dem Album „I've Been Expecting You" mit Meeresrauschen und der sanften Mahnung „Bleib standhaft. Du bist groß genug." Und: „Das Wasser ist tief. Fühl den Sand unter deinen Füßen. Bleib standhaft." Dabei kann keiner untergehen.

5. Emilíana Torrini – Lifesaver (2005)

Im Song „Lifesaver“ der isländischen Sängerin und Komponistin hört man ein knarzendes Ruderboot, das sich durch Meeresbrandung kämpft. So richtig will Emilíana Torrini von ihrem Lebensretter in dieser Situation aber nicht gefunden werden. „Kannst du bitte zu spät kommen?“, fragt sie ihn. Nicht gerade lebensbejahend. Aber schön.

6. Mr. Probz – Waves (Remix von Robin Schulz 2014):

Elektro-Pop vom Feinsten: DJ Robin Schulz hat dem Song „Waves“ des niederländischen Rappers Mr. Probz mit Soundeffekten den letzten Schliff verpasst. Elektronisches Meeresrauschen klingt nach spritzender Gischt. Und Mr. Probz wirkt beim Schwimmen gegen den Strom so relaxt, dass man sich keine Sorgen um ihn macht, obwohl er sich laut Songtext fühlt, als würde er Welle um Welle ertrinken.

Wie Sand am Meer

„Das gibt es wie Sand am Meer“, sagt man, wenn von einer Sache mehr als genug vorhanden ist. Dabei ist gerade beim Sand das Gegenteil der Fall: Vom Meeressand gibt es eben nicht genug. Und das liegt am Beton. Unser beliebtester Baustoff besteht zu zwei Dritteln aus Sand, und der jährliche Verbrauch liegt inzwischen bei fünfzehn Milliarden Tonnen. Und Sand ist nicht gleich Sand. Zur Betonherstellung kann nicht jede Sorte verwendet werden. Wüstensand zum Beispiel eignet sich fürs Bauen nicht. Der Wind hat ihn fein, rund und gleichmäßig geschliffen, man kann daraus keine festen Gebäude erschaffen. So muss selbst der Wüstenstaat Dubai inzwischen Sand für seine Bauindustrie importieren.

Meersand aber ist für die Betonherstellung sehr gut geeignet. Und weil der Nachschub begrenzt ist, gibt es inzwischen sogar schon illegalen Sandhandel und eine regelrechte Sandmafia, die sich gegenseitig den Gewinn abgräbt. Das zeigt: Langfristig müssen wir alle umdenken und weniger aus Sand bauen.

Das gilt vielerorts übrigens auch schon für Sandburgen. Diese Strandbauwerke aus Sand und Wasser sind inzwischen an einigen Stränden verboten. Der Grund: Wenn man die glatte Strandfläche mit Furchen, Rillen, Löchern und Hügeln verziert, bietet sie Wellen mehr Angriffsfläche, Strände können dann vom Meer abgetragen werden.

Kindersand

Das Schönste für Kinder ist Sand.
Ihn gibt's immer reichlich.
Er rinnt unvergleichlich
Zärtlich durch die Hand.

Weil man seine Nase behält,
Wenn man auf ihn fällt,
Ist er so weich.
Kinderfinger fühlen,
Wenn sie in ihm wühlen,
Nichts und das Himmelreich.

Denn kein Kind lacht
Über gemahlene Macht.

Joachim Ringelnatz

Die Sandburgformel

Nicht nur Kinder lieben Sandburgen. Sogar Universitätsprofessoren haben sich schon intensiv mit ihnen beschäftigt und dabei die Statik und das optimale Sand-Wasser-Verhältnis solcher Bauten berechnet.

Laut Matthew Bennett von der Bournemouth-Universität in England baut man Buddelburgen am besten nach der Formel „WM = 0,125 x SM“, wobei WM die Wassermenge ist, und SM die Sandmenge. Wenn man also ein Teil Wasser mit acht Teilen Sand vermischt, bilden sich laut Bennett die sogenannten Kapillarbrücken, die die Sandkörner verbinden und der Burg Stabilität verleihen.

Ein niederländisches Forscherteam kam allerdings zu anderen Ergebnissen. Danach sollte der Sandmatsch nur ein Prozent Wasser enthalten. So hat er statisch die größte Tragfähigkeit. Formbar ist er in diesem fast trockenen Zustand aber kaum, und fantasievolle Burgen wird man so kaum herstellen können.

Aber wie dann? Vermutlich sind hier doch eher Augenmaß und Erfahrungswerte gefragt als wissenschaftliche Forschung. Denn schmutziger Sand und algenhaltiges Wasser führen ohnehin zu anderen Ergebnissen als Sand unter Laborbedingungen.

Für eine spezielle Bauform, die Kleckerburg, braucht man ohnehin viel mehr Wasser. Dafür benötigt man nämlich ein fast flüssiges Sandgemisch. Durch mühevolle Tröpfelarbeit

entstehen daraus fantasievolle Gebilde, die an Tropfsteine erinnern.
An vielen Stränden gibt es übrigens im Sommer Sand-Art-Wettbewerbe, bei denen sich Erwachsene im Sandburgenbau messen. Und hierbei können andere wissenschaftliche Erkenntnisse durchaus hilfreich sein: Auf einer Grundfläche von vierzig Zentimetern Durchmesser sollte man maximal bis zu zweieinhalb Meter hohe Sandkunstwerke auftürmen, sonst bricht das ganze Kunstwerk zusammen.

Übrigens: Jedes Jahr am 11. August ist weltweit „Spiel-im-Sand-Tag". Überall ziehen vor allem Erwachsene an die Strände und buddeln nach Herzenslust. An diesem Tag kann man an vielen Stränden bizarre Sandskulpturen und kunstvolle Burgen bewundern.

Strandkörbe

Von deutschen Stränden sind Strandkörbe nicht wegzudenken. An Nord- und Ostsee warten sie in Reih und Glied seit fast 150 Jahren auf Feriengäste, die sie stunden-, tage- oder wochenweise mieten. Das heutige Modell, ein Zweisitzer mit Rückenlehne, Markise und ausziehbaren Fußstützen, wurde um 1880 von dem Rostocker Hof-Korbmachermeister Wilhelm Bartelmann entwickelt. Und seine Frau war es, die entdeckte, dass es lukrativer war, solche Körbe in großem Stil zu vermieten, als sie nur zu verkaufen. 1883 errichtete sie in Warnemünde den ersten Verleih, weitere folgten. Weil gebräunte Haut damals als unattraktiv galt, dienten die Körbe anfangs vor allem als Sonnenschutz. Später wurden sie als Wind- und Blickschutz genutzt.

Thomas Mann liebte es, im Strandkorb zu schreiben. Für ihn verbanden die Wände „dieses von jung auf vertrauten und eigentümlich bergenden Sitzhäuschens“ zwei Elementarereignisse, die Epik und das Meer.
Strandkörbe sind fast ausschließlich ein deutsches Phänomen. An deutschen Stränden gibt es inzwischen sogar vereinzelt große Schlafstrandkörbe, in denen man ganze Nächte lang zu zweit dem Rauschen der Wellen lauschen und die Sterne betrachten kann. In anderen Ländern konnten sich die geflochtenen Strandsitzmöbel nicht durchsetzen. An südlichen Stränden dominieren Liegestühle, im Norden bringen Urlauber zusammenklappbare Strandsessel und Strandmuscheln zum Selbstaufbau mit.

Wilde Rosen

Ihre Blüten sind weiß oder dunkelrosa, sie duften zart und süß. Ihre Blätter haben ein intensives Grün, ihre Hagebutten sind groß und ziegelrot. Wind und Wetter machen ihnen nichts aus, sie lieben Sand und salzige Luft. Deswegen gehören Apfelrosen – auch Sylter Rosen oder Kartoffelrosen genannt – an Nord- und Ostsee zum Strandbild einfach dazu. Dabei ist die robuste Wildrose eigentlich ein sogenannter Neophyt, das heißt, sie ist in unseren Breiten von Natur aus nicht heimisch. Ursprünglich stammt sie aus Ostasien. Weil sie aber extreme Bedingungen liebt und resistent gegen Pilzerkrankungen ist, hat sie an unseren Stränden ein neues Zuhause gefunden, an dem sie hervorragend gedeiht.

Und das macht nicht jedem Freude. Als Strandbepflanzung stabilisiert die Apfelrose zwar Böschungen, sorgt für Blick- und Windschutz und sieht wunderschön aus. Sie verdrängt dort aber andere Arten wie die heimische Dünenrose, und Naturschützer wären sie an vielen Stellen gern wieder los. Wo die Apfelrose aber einmal wächst, da bleibt sie auch. Sie verbreitet sich nämlich nicht nur über Hagebuttenkerne, die von Vögeln gefressen und weitergetragen werden, sondern auch über unterirdische Ausläufer, die sich meterweit ihren Weg durch die Erde suchen, an anderen Stellen auskeimen und neue Sträucher bilden. Und wenn man versucht, ein Exemplar auszugraben, kann aus jedem zurückbleibenden Wurzelstück eine neue Rose entstehen. Bleibt also nur die Möglichkeit, sich an ihr zu erfreuen und aus ihren leuchtenden Früchten Hagebuttenmark und Tee herzustellen.

Rose, Meer und Sonne

Rose, Meer und Sonne
Sind ein Bild der Liebsten mein,
Die mit ihrer Wonne
Fasst mein ganzes Leben ein.

Aller Glanz, ergossen,
Aller Tau der Frühlingsflur
Liegt vereint beschlossen
In dem Kelch der Rose nur.

Alle Farben ringen,
Aller Duft im Lenzgefild',
Um hervorzubringen
Im Verein der Rose Bild.

Rose, Meer und Sonne
Sind ein Bild der Liebsten mein,
Die mit ihrer Wonne
Fasst mein ganzes Leben ein.

Friedrich Rückert

Watt is denn dat? Ausflug ins Wattenmeer

Auch das kann Strandurlaubern passieren: Da ist man nach stundenlanger Fahrt endlich am Meer angekommen, und dann ist es nicht da. Wo eigentlich blaues Wasser glitzern sollte, sieht man weit und breit nur graubraunen Schlick. Denn was sich da kilometerweit ausbreitet, oder besser momentan eben nicht ausbreitet, ist Wattenmeer. Teile solcher Küstengebiete fallen zweimal täglich bei Ebbe trocken. Dieses Phänomen gibt es fast überall auf der Welt, an der deutschen und dänischen Nordsee, aber auch am Ärmelkanal, an der Irischen See, am Atlantik und am Pazifik. Baden kann man an solchen Küstenabschnitten nur bei Flut, oder man muss sehr weit gehen, bis man Wasser erreicht. Wenn man dann an der Wasserlinie ist, sollte man dort aber nicht zu lange bleiben. Das Meer kommt oft schneller zurück, als einem lieb ist.

Trotzdem lohnen sich solche Spaziergänge, denn jede Wattwanderung ist ein kleines Abenteuer. Nie weiß man, was man entdecken wird. Ein Stück Bernstein? Eine verwundete Robbe? Einen toten Schweinswal? Eine melonengroße Würfelqualle? Eine Flaschenpost? Rechtzeitig den Rückweg?

Und neben all diesen Überraschungen kann man im Watt vor allem eins finden: Ruhe. Hier gibt es Platz für jeden und Zeit für alles.

Watt für Watt is dat?

Es gibt drei Formen von Watt: Sandwatt, Schlickwatt und Felswatt. Auf Sandwatt kann man gut laufen, denn der Boden gibt wenig nach. Man erkennt es am Wellenmuster, das die zurückweichende Flut hinterlässt. In Schlickwatt sinkt man tief ein. Es ist sauerstoffarm, eisenhaltig, enthält Schwefelverbindungen und riecht auch danach, also nach faulen Eiern. Auch im festeren Sandwatt gibt es aber Stellen mit Treibsand, an denen man einsinken kann. Davor ist man nur im Felswatt sicher. Diese seltene Wattsorte, die es zum Beispiel rund um Helgoland oder auch vor La Gomera gibt, besteht aus natürlich entstandenen Steinplattformen vor Steilküsten.

Watt kommt an die Füße?

Achtung! Nie barfuß durch Schlickwatt laufen! Im Schlick leben scharfkantige Schwertmuscheln, die schlimme Schnittwunden verursachen können. Gummistiefel sind auch nicht geeignet, denn sie bleiben im weichen Untergrund stecken. Und normale Schuhe kann man nach einer Wattwanderung wegwerfen. Optimal sind Socken mit durchgängiger Gummisohle, sogenannte Beachies.

Sandwatt ist nicht so fußgefährlich wie Schlickwatt, weil man dort nicht so tief einsinkt. Man kann deswegen besser sehen, wohin man tritt.

Watt sind das für seltsame Spaghettihäufchen?

Bei Ebbe sieht man sie überall im Watt. Sie sind aus Sand und kringeln sich spaghettiähnlich zu kleinen Pyramiden. Obwohl diese Häufchen aussehen wie lange, dünne Ausscheidungen eines Tiers, riechen sie nicht nach Kot. Trotzdem ist es welcher, und zwar der von Wattwürmern. Arenicola marina, so heißen seine Verursacher in der Fachsprache. Besonders hübsch sind die zwanzig bis vierzig Zentimeter langen, rot-braunen, vorne dickeren Würmer nicht. Aber man sieht die unterirdischen Wattbewohner selten, und an ihren Ausscheidungen ist nichts eklig. Im Gegenteil: Der verdaute Sand ist sauberer als der, den die Würmer gefressen haben. Sie verdauen nämlich die meisten organischen Bestandteile, die darin enthalten sind, und scheiden nur Sandkörner aus.

Dabei reinigen Wattwürmer nicht nur den Boden, sie reichern ihn auch mit Sauerstoff an. Ein Wurm schafft locker 25 Kilo Sand pro Jahr, und alle Würmer zusammen kauen jedes Jahr das gesamte Nordseewatt bis zu einer Tiefe von 20 Zentimetern einmal komplett durch. Und das unter Einsatz ihres Lebens: Wattwürmer leben in einem u-förmigen Gang mit zwei Öffnungen. An der einen rieselt Sandbrei nach unten, den der Wattwurm einsaugt. Manchmal sieht man an dieser Stelle einen Trichter. Zur anderen Öffnung kriecht der Wattwurm immer dann, wenn er sich vollgefressen hat, um den sandigen Ballast abzudrücken. Und das tut er ungefähr alle halbe Stunde. Dabei kann er leicht von Wasservögeln geschnappt und verspeist werden.

Watt spritzt denn da?

Man läuft übers Watt, und plötzlich sieht man um sich herum überall Wasserfontänchen aufspritzen. Das sieht aus, als würde da irgendwer im Schlick wohnen und Wasser in die Luft spucken. Und genau so ist es auch. Was da im Schlick sitzt, sind Sandklaffmuscheln. Ihre Schalenhälften findet man oft im Watt, es sind die großen, eiförmigen, flachen, weißen Muschelschalen, mit denen man so gut im Schlick graben kann.

Sandklaffmuscheln heißen sie, weil ihre Schalen beim lebenden Muscheltier am hinteren Ende immer ein Stück weit aufklaffen. Durch diesen Spalt schiebt die Muschel einen langen Schlauch bis zur Oberfläche, durch den sie atmen und außerdem Wasser und Nahrung aufnehmen kann. Wenn sie sich durch Erschütterungen wie Schritte bedroht fühlt, zieht sie diesen Atemschlauch schnell zurück, und das darin enthaltene Wasser spritzt heraus. Deswegen werden Sandklaffmuscheln in manchen Gegenden auch „Pisser“ genannt.

Watt schmeckt denn hier?

Sandklaffmuscheln kann man essen. Bei uns ist das eher unüblich, aber in Nordamerika gelten sie unter dem Namen Softshell clam als Delikatesse. Essbar sind auch andere Muscheln, die man oft im Watt findet, zum Beispiel Herzmuscheln und Miesmuscheln. Und noch eine Muschel wird selbst in unseren Breiten immer häufiger gefunden: die Pazifische Auster. Sie kommt inzwischen sogar in der Nordsee vor. Und wenn man sie findet, soll man sie an vielen Orten, zum Beispiel auf der dänischen Insel Fanø, sogar ausdrücklich sammeln und essen. Denn die Austern vermehren sich rasend schnell und bedrohen dadurch einheimische Muschelarten.

Zwei Dinge muss man beim Sammeln und Essen von Muscheln aber unbedingt beachten: Erstens sollte man vorher klären, welche Muscheln man nehmen darf, ohne gegen Naturschutzauflagen zu verstoßen. Und zweitens sollte man Muscheln nie in den Sommermonaten sammeln. In warmem Wasser vermehren sich nämlich giftige Algen, die sich in Muscheln anreichern. Und so kann die selbst gesammelte Muschelmahlzeit zur falschen Jahreszeit ganz schnell im Krankenhaus oder sogar tödlich enden. Im Zweifelsfall Muscheln also lieber kaufen, denn der Handel unterliegt strengen Richtlinien.

Bedenkenlos essen kann man aber eine Pflanze, die im Watt wächst: den Queller. Er kann Salzwasser nicht nur aushalten, er braucht es sogar. Und in seinen spargelähnlichen, dünnen, grünen Stängeln reichert er es auch an. Deswegen schmeckt Queller vor allem salzig. Man kann aus ihm dennoch ein wohlschmeckendes, jod- und mineralstoffreiches Pesto herstellen. Und weil er roh oder kurz blanchiert hübsch aussieht, kann man ihn auch zur Dekoration von Fisch- und Krabbengerichten verwenden. Roh geknabbert schmeckt Queller ein bisschen wie Salzstangen.

Wenn man einmal ein Bild dieser Pflanze gesehen hat, kann man sie leicht identifizieren. Man verwendet nur Spitzen, die noch nicht verholzt sind.

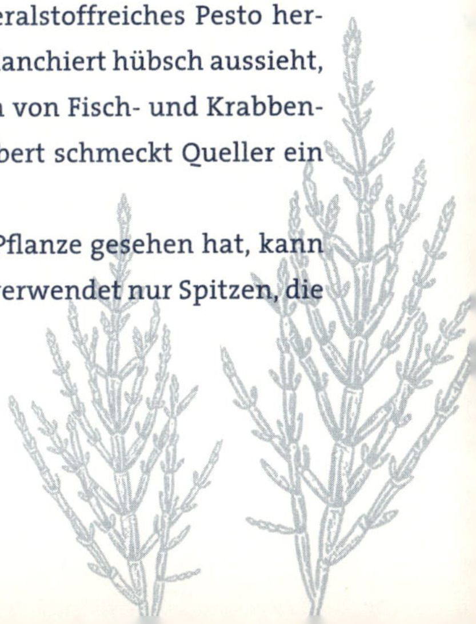

Watt sind die süß!

Es gibt zwei Robbenarten, die man im Wattenmeer antreffen kann: Seehunde und Kegelrobben.

Seehunde lieben Sandbänke, die ganz oder teilweise vom Meer freigegeben werden, deswegen trifft man sie häufiger im Watt. Anfang Juni bis Anfang Juli kommen hier ihre Jungen zur Welt. Die kleinen Heuler müssen sich dann in vier bis sechs Wochen mit Muttermilch ein Fettpolster antrinken und jagen lernen, bevor sie dem Leben im Meer allein trotzen können. Entfernt sich die Mutter, jammert das Kleine laut, daher der Name. Bitte die Tiere trotz ihrer scheinbaren Verzweiflung nie anfassen und streicheln! Das ist kein Klagelaut, sondern ein Kontaktruf. Wenn das Kleine die Mutter noch braucht, kommt sie in den meisten Fällen zurück. Damit sie das aber tut, darf man das Tier nicht berühren, und man sollte dafür sorgen, dass sich im Umkreis von mindestens dreihundert Metern keine Menschen aufhalten.

Abstand benötigen Seehunde übrigens nicht nur zu Menschen, sondern auch zu Artgenossen. Sie jagen als Einzelgänger, und wenn sie sich auf einer Sandbank zum gemeinsamen Sonnenbad treffen, achten sie immer darauf, keinen Körperkontakt zu haben. Liegen sie zu dicht aneinander, kommt es zu Machtkämpfen.
Kegelrobben sind geselliger, aber im Wattenmeer seltener. Europas größtes Raubtier findet man vor allem auf den britischen Inseln, in Island und in der östlichen Ostsee. Es gibt sie aber auch rund um die Nordsee-Inseln Terschelling, Juist, Amrum, Sylt und Helgoland, und von dort erreichen sie manchmal andere Nordseestrände.
Von den Seehunden unterscheiden Kegelrobben sich durch ihre Größe und ihr Gewicht. Die schlanken Seehunde können bis zu hundertfünfzig Kilo schwer werden, eine männliche Kegelrobbe wiegt fast das Doppelte. Außerdem haben Seehunde eine rundliche, hundeartige Schnauze, der Kopf von Kegelrobben läuft dagegen spitz zu.
Anders als Seehunde bekommen Kegelrobben ihre Jungen mitten im Winter. Die ersten Lebenswochen verbringen die Kleinen an Land, weil das Wasser für sie zu kalt ist. Wenn die Mutter im Meer auf die Jagd geht, lässt sie das Jungtier am Strand zurück. Bitte auch hier unbedingt Abstand halten! Sie kommt in den meisten Fällen zurück. Und: Kegelrobben sind zwar nicht aggressiv, aber sie haben ein ähnlich scharfes Gebiss wie Bären. Und wenn sie sich bedroht fühlen, wehren sie sich.

Strandfunde

Meeresgetier

Sie sind weiß und erinnern von fern an ein Fischfilet. Aber wenn man sie aufhebt, sind sie formstabil, außen hart und innen so porös, dass man mit dem Fingernagel Muster in den Kalk kratzen kann. Die Rede ist von Schulpen, also Überresten von Tintenfischen der Ordnung Sepia. Diese weichen Kopffüßer haben innen ein Kalkgebilde, das so luftig konstruiert ist, dass sich dort Gase einlagern können, was dem Tintenfisch Auftrieb gibt. Wellensittichbesitzer kennen Schulpe aus dem Tierhandel, dort werden sie als Schnabelwetzsteine verkauft.

Tote Krebse oder Krebsteile findet man fast überall am Strand. Zum Sammeln eignen sie sich nicht, da sie oft noch Gewebeteile enthalten, die beim Verwesen stinken. Lebendig sind Krebse aber interessante Tiere, und es ist spannend, sie eine Weile zu beobachten. Die meisten Krebse, die man am Strand findet, gehören zur Unterordnung der Krabben. Sie laufen seitwärts und wenn sie sich bedroht fühlen, richten sie sich auf und drohen mit ihren Scheren. Wenn Krabben wachsen, wird ihnen ihr Panzer zu eng. Sie müssen ihn abwerfen und einen neuen bilden. Deswegen findet man so oft leere Panzer am Strand. Verlieren sie ein Bein oder eine Schere, kann beides nachwachsen. Was man übrigens in der Küchensprache „Krabben“ nennt, sind in Wahrheit Garnelen, nahe Verwandte der Krabben.

Tote Seesterne kann man an der Sonne trocknen. Wenn man sie vorher einen Tage lang in Alkohol einlegt, riechen sie danach nicht. Um sie haltbar zu machen, kann man sie mit Klarlack überziehen.
Bei lebenden Seesternen wachsen, genau wie bei Krebsen, abgetrennte Arme nach.

Seeigel findet man vor allem in warmen Meeren. Einzelne Arten leben aber auch in Nord- und Ostsee. Ihre Stacheln verursachen schmerzhafte Wunden, deswegen sollte man nur mit Badeschuhen ins Wasser gehen, wo immer man stachelige Seeigelüberreste am Strand entdeckt. Wenn Seeigel getrocknet werden, fallen ihre Stacheln ab. Leere Seeigelgehäuse kann man gut aufbewahren.

Oft treibt der Wind große Kugeln über den Strand, die aus vielen kleinen, weißen Kapseln bestehen und auf den ersten Blick an merkwürdige Kunststoffgebilde erinnern. Es handelt sich hier um Eiballen der Wellhornschnecke. Jede der erbsengroßen Kapseln enthält bis zu tausend Eier. Nur etwa zehn davon werden befruchtet, die anderen dienen den Embryonen als Nahrung.

Muscheln und Schnecken

Sie sind still und bewegen sich langsam. Meist leben sie im Verborgenen, vergraben im Schlick, festgeklebt an Steinen und Felsen. Eine harte Schale und ein weicher Kern zeichnen sie aus, und hätten sie die Schale nicht, würden wir die unauffälligen Meeresbewohner wahrscheinlich kaum zur Kenntnis nehmen. Weil die Behausungen von Muscheln und Schnecken aber nach deren Ableben millionenfach am Strand angeschwemmt werden, gehören sie zu den allgegenwärtigsten Meeresbewohnern. Jeder Strandbesucher nimmt in seinen Taschen welche nach Hause mit.

Ob es sich dabei um Muscheln oder Schnecken handelt, ist manchmal schwer zu bestimmen. Die Gehäuse von Pantoffelschnecken sind beispielsweise nicht gewunden wie ein klassisches Schneckenhaus. Sie sehen aus wie Muschelhälften mit einer Art eingebauter Zwischendecke. Aber es gibt eine einfache Faustregel, mit deren Hilfe man die beiden Tierklassen unterscheiden kann: Schneckenhäuser bestehen immer nur aus einem einzigen Teil. Niemals gibt es ein identisches Gegenstück.

Muscheln hingegen bestehen stets aus zwei Hälften, und meistens erkennt man die Ansatzstelle.

Beide Klassen dieser langsamen Meeresbewohner sind interessanter, als man denkt. Hier ein paar Fakten:

- Die eben schon erwähnte Pantoffelschnecke beginnt ihr Leben als Männchen. Nach einiger Zeit entwickelt sich der Schneckerich dann zum Weibchen und lässt sich begatten.
- Viele Muscheln können sich fortbewegen. Manche haben einen Fuß, mit dem sie langsam über den Meeresboden kriechen. Andere können durch Auf- und Zuklappen ihrer Schalen schwimmen.
- Schimmernde Perlen haben einen unromantischen Ursprung: Nicht eindringende Sandkörner verursachen ihr Wachstum, wie man lange dachte, es sind vielmehr winzige Wurmlarven. Wenn sie in Perlmuscheln eindringen, umschließen die Muscheln die Eindringlinge mit Perlmutt. Hätte Kleopatra das gewusst, hätte sie bestimmt darauf verzichtet, eine ihrer Perlen in Essig gelöst zu trinken.
- Sogar Miesmuscheln können winzige Perlen bilden.
- Muscheln und Meeresschnecken haben phantasievolle Namen, mit denen man sein Repertoire an Schimpfwörtern aufstocken kann: Gewöhnliche Napfschnecke, Knotiges Meerohr, Aschgraue Buckelschnecke, Roter Runzelstern, Bärtige Miesmuschel.
- Seepocken sind weder Muscheln noch Schnecken, sondern Krebse.

Nixentränen

Meerglas. Strandglas. Juwelen der Meere. Nixentränen. All diese Namen bezeichnen dasselbe: bunte Glasscherben, die vom Meer samtig geschliffen und an den Strand geschwemmt wurden. Man entdeckt sie meist am Spülsaum, zwischen Algen und Treibholz, aber auch in Stein- und Muschelansammlungen. Überall auf der Welt suchen Sammler Strände nach ihnen ab, und in den USA gibt es sogar Sammlertreffen und Tauschbörsen. An manchen Stränden auf Hawaii mussten schon Sammelbeschränkungen eingeführt werden, weil sie regelrecht abgegrast wurden.

Eigentlich merkwürdig. Genau genommen handelt es sich bei diesen Funden ja um Müll. Die Behörden müssten froh sein, wenn er wie durch Zauberhand verschwindet. Aber Glas wird aus Sand hergestellt und hat deswegen keine schädlichen Auswirkungen auf Natur und Umwelt. Und diese Strände auf Hawaii sind so mit Meerglas übersät, dass sie im Sonnenlicht wie von Diamanten bedeckt glitzern und funkeln. Sie gelten inzwischen als schützenswerte Sehenswürdigkeiten, darauf müssen Sammler Rücksicht nehmen.

Die sind übrigens nicht an jedem Glasstück gleichermaßen interessiert. Wichtigstes Sammelkriterium ist die Farbe von Strandglas. Braune, grüne und weiße Nixentränen findet man fast überall, denn das sind auch die häufigsten Flaschenfarben. Blaue sind schon seltener, rote und gelbe Glasstücke gelten als Glücksfunde. Eine echte Rarität ist graues Glas.

Weißes Glas nimmt allerdings häufig die Farbe seiner Umgebung an und erhält so zauberhafte Pastellfarben, die seinen Wert erhöhen. Lagert es zwischen Algen und Tang, wird es grünlich, findet man es in rotem Sand, kann es rosa sein.
Kenner können aus Farbe und Beschaffenheit eines Fundstückes viel über Herkunft und Geschichte ablesen. Dickes Glas beispielsweise ist meist älter als dünnes, da Flaschen früher dickwandiger produziert wurden. Hellblaue oder türkise Scherben sind ein Hinweis auf ein etwa hundertjähriges Alter des Fundstücks, denn um 1910 hatten Mineralwasserflaschen diese Farben. Ältere Glasstücke sind zudem meist stärker satiniert, da sie länger im Meer waren. Und auch der Fundort verändert ein Glasstück auf charakteristische Weise: Nordseeglas ist dank stärkerer Wellen runder als das kantige Ostseeglas.
Die Gezeiten benötigen übrigens mindestens zehn Jahre, um die Kanten einer Scherbe abzuschleifen. Erst nach frühestens zwanzig Jahren verschwinden Ecken und Kanten ganz.

Tipp: Bei Sonnenschein findet man schimmerndes Meerglas leichter als bei bewölktem Himmel.

Feuerstein und Hühnergötter

Ohne Feuerstein wäre die Menschheit nicht das, was sie ist. Denn erst als die Steinzeitmenschen entdeckt hatten, wie man mit diesen Steinen Feuer machen kann, waren viele zivilisatorische Entwicklungen möglich. Kochen zum Beispiel.

Noch bis ins 19. Jahrhundert wurden Steine als Feuerzeug genutzt, erst dann löste das Schwefelhölzchen sie ab.

Wer Feuer nach Art unserer Vorfahren machen möchte, sollte dazu nicht zwei Feuersteinknollen aneinanderschlagen. Das funktioniert nicht, denn dabei entstehen nur winzige Funken, die sich nicht entzünden lassen. Stattdessen muss man den Feuerstein wie unsere Vorfahren in der Steinzeit gegen Pyrit schlagen, ein natürlich vorkommendes Mineral, oder man nimmt dazu Stahl, wie es im Mittelalter üblich war. So entstehen echte Zündfunken, die man auf ein leicht brennbares Material fallen lassen kann. Die Steinzeitmenschen nahmen dafür Zunderschwamm. Mit Heu, Papier, Baumwollfasern oder trockenem, dünnem Reisig klappt es auch.

Diese uralte Technik ist seit mindestens 32000 Jahren bekannt. Wie Feuerstein entsteht, konnten Wissenschaftler allerdings immer noch nicht herausfinden. Fest steht: Man findet ihn in Ablagerungsschichten aus der Kreidezeit, dort kommt er in Knollen, manchmal auch in Platten vor. Vermutlich ist er irgendwie aus Überresten von Algen und Schwämmen entstanden. Aber mehr weiß man nicht.

An Stränden und Küsten wird oft Feuerstein angespült, man findet ihn in vielen Farben und Formen. Bei Sammlern sind besonders die sogenannten Hühnergötter beliebt. Das sind Feuersteine mit einem natürlich entstandenen Loch, die man früher zur Abwehr böser Geister in Hühnerställe hängte. Sie gelten in vielen Kulturen als Glücksbringer, selbst heute noch. Damit das funktioniert, muss man einen Hühnergott allerdings selbst gefunden oder als Geschenk erhalten haben. Kaufen kann man einen solchen Glücksbringer nicht.

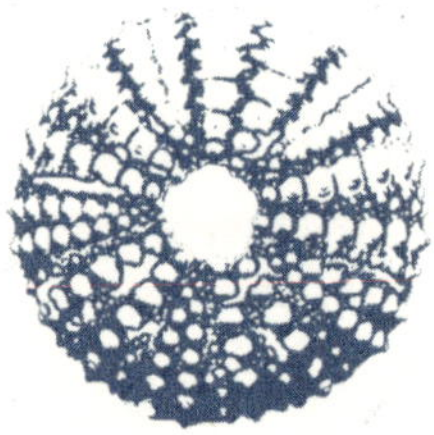

Andere Steinfunde am Strand

Donnerkeile sehen aus wie versteinerte Revolverpatronen. Tatsächlich handelt es sich bei den gelbbraunen, zylinderförmigen Fundstücken aber um Teile von versteinerten Urzeit-Tintenfischen, die mindestens 65 Millionen Jahre alt sind. Diese Tiere namens „Belemniten“ lebten im Küstenbereich der Meere und waren dort so zahlreich vertreten, dass man ihre versteinerten Schalenteile noch heute sehr oft findet. Die auch als Teufelsfinger bezeichneten Fundstücke galten lange als Heilmittel gegen Hexenschuss.

Klappersteine sind kugelförmige Feuersteinknollen, die beim Schütteln klappern. Hier handelt es sich nämlich um einen versteinerten Schwamm. Beim Prozess der Versteinerung entstanden Löcher, durch die Meerwasser eindringen konnte, das im Innern des Steins Kreidereste ausspülte. Zurück blieb der harte Kern des Schwammes, und zwar lose in der Schale, sodass er beim Schütteln klappert. Solche Kugeln sind selten, und man muss schon sehr viel Glück haben, um sie zu finden.

Andere versteinerte Meeresbewohner, die man häufiger findet, sind Seeigel. Ihre Stacheln fehlen im versteinerten Zustand meistens, aber die gewölbte Schale und das strahlenförmige Muster vom Mittelpunkt aus sind charakteristisch. Oft kann man am Strand auch versteinerte Schwämme, Schnecken, Muscheln oder Würmer entdecken. Und wer ganz viel Glück hat, kann in Dänemark sogar einen „Krabbeboller" finden, eine etwa faustgroße Steinkugel, in deren Innerem sich eine komplett versteinerte Krabbe befindet.

Bernstein hat einen goldgelben Schimmer und ist derzeit, weil er auf dem asiatischen Markt sehr gefragt ist, genauso wertvoll wie Gold, zumindest wenn man den Grammpreis vergleicht. Oft wird er an Stränden und Küsten angeschwemmt, deswegen nennt man ihn auch „Gold des Meeres". Ein Stein ist er trotz seines Namens allerdings nicht. Er besteht aus dem Harz von Nadelbäumen, das vor Jahrmillionen aus Baumstämmen sickerte und steinhart wurde. In tiefen Erdschichten konnte es die Zeit überdauern, jetzt wird es vom Meer nach und nach freigelegt.

Ein Bernstein hat Eigenschaften, die ihn von anderen Schmucksteinen unterscheiden: Er ist leichter, fühlt sich auf der Haut angenehm warm an, und man schreibt ihm sogar heilende Wirkungen zu. Kein Wunder, dass manche Strandläufer nach dem ersten Zufallsfund zu leidenschaftlichen Bernsteinsammlern werden. Eine dänische Redensart sagt: Erst nimmt der Mensch den Bernstein, dann nimmt der Bernstein den Menschen.

Es ist aber nicht leicht, Bernstein zu finden, man benötigt viel Zeit und Erfahrung dazu, und eine Erfolgsgarantie gibt es nicht. Wirklich wertvoll sind übrigens nur größere und damit schwerere Stücke oder Bernsteine mit sogenannten „Inklusen", also eingeschlossenen Insekten oder Pflanzenteilen.

Tipps für die Bernsteinsuche

- Angeschwemmt wird Bernstein vor allem im Herbst und im Winter. Das liegt an der Dichte des Wassers. Die Dichte von kaltem Salzwasser ist so hoch, dass der leichte Bernstein darin treibt. Im sommerwarmen Meerwasser sinkt er aber auf den Grund, wo er auch liegen bleibt.
- Ideales Bernsteinwetter herrscht, wenn starker Wind auf den Strand zuweht und sich das Wasser danach wieder zurückzieht.
- Man findet Bernstein oft in Spülsäumen, in denen Seetang und vor allem Sprockholz angeschwemmt wurde. Das sind kleine, abgerundete, manchmal verkohlte Holzstückchen. An Stellen mit vielen Steinen oder Muscheln wird man selten Bernstein finden.
- Bernstein kann sich in Algen und Tang verfangen. Es lohnt sich, dort zu suchen, auch wenn's nicht appetitlich ist.
- Größere Bernsteinbrocken treiben auch oft in niedrigem Wasser und können mit dem Kescher gefischt werden.
- Auf Möwen achten. Da, wo sie sich in großen Scharen zusammenfinden, gibt es viel Schwemmgut, oft ist Bernstein dabei.
- Manche Sammler suchen den Strand nachts mit speziellen Lampen ab. Strahlt man Bernstein nämlich mit UV-Licht (Schwarzlicht) an, leuchtet er je nach Verwitterungsgrad blau oder grün.

Bernstein oder nicht Bernstein?

Naturbernstein sieht selten goldgelb und durchsichtig aus, denn Sand und Salzwasser können seine Oberfläche verändern. Er kann gelb sein, orange, braun oder sogar schwärzlich, glatt oder rau, durchscheinend oder milchig trüb. Ist also ein Fundstück ein Bernstein? Oder ein Stück Glas? Oder nur Plastik? Ein Feuersteinsplitter? Das kann man mit verschiedenen Tests feststellen:

- Bernstein schwimmt in einer gesättigten Salzlösung. Vier Esslöffel Salz auf einen halben Liter Wasser genügen für diesen Bernsteintest. Glas und Feuerstein gehen unter. Plastik schwimmt allerdings unter Umständen auch.
- Wenn man Bernstein über einen Wollstoff reibt, lädt er sich elektrostatisch auf und zieht Fusseln an. Das funktioniert allerdings nur bei größeren Stücken.
- Bernstein brennt und schmilzt, dabei riecht er würzig. Also einfach eine Nadel in einer Flamme erhitzen und damit das Fundstück berühren. Duftet es nach Harz, hat man Bernstein gefunden. Wenn es angeschmort riecht, ist es Kunststoff.
- Unter UV-Licht schimmert Bernstein grün oder blau (siehe Seite 65).

Achtung: Bei manchen goldgelben Strandfunden handelt es sich nicht um Bernstein, sondern um gefährlichen Phosphor, der aus Brandbomben aus dem zweiten Weltkrieg stammt. Wenn diese Substanz trocknet, entzündet sie sich von selbst und verbrennt bei Temperaturen von 1300 Grad. Diese Brände lassen sich kaum löschen und verursachen schwerste Verbrennungen. Deswegen sollten Bernsteinsammler ihre Funde nie in Jacken- oder Hosentaschen transportieren, sondern immer in Eimern, Blechbehältern oder Tragetaschen, die man schnell wegwerfen kann. Man sollte die Echtheit auch nie mit einem Klopftest an den Zähnen testen, denn Phosphor ist giftig. Brände niemals mit Wasser, sondern mit Sand löschen!

Darf man Bernsteinfunde behalten?

Früher durfte man es nicht, darauf standen sogar strenge Strafen. Im 17. Jahrhundert konnte man zum Tode verurteilt werden, wenn man Bernstein aufgehoben und mitgenommen hatte. Noch bis 1945 mussten in Deutschland alle Bernsteinfunde an Sammelstellen abgeliefert werden, die Funde an dänischen Stränden gehörten der Krone. Heute gilt das nur noch für kulturhistorisch bedeutsame Stücke, also zum Beispiel, wenn man eine Bernsteinschnitzerei aus der Steinzeit findet. Alle anderen Bernsteinfunde darf man behalten.

Schätze am Strand

Eigentlich wollten Sjaak van Dijk und seine Frau nur am Strand der niederländischen Wattenmeerinsel Terschelling spazieren gehen. Doch dann entdeckte der Vogelwart einen Schatz: Aus dem Sand ragten schwarze Holzplanken, die fast wie ein Gerippe aussahen. Tatsächlich handelte es sich dabei um Reste eines fast dreihundert Jahre alten Schiffswracks, das die Flut an Land gespült hatte.

Zwischen den Planken entdeckte das Ehepaar Kupferstäbe, Kupferkessel, Scherben, Krüge und Tausende von Glasperlen. Solche Perlen und auch Kupfer wurden im 18. Jahrhundert als Zahlungsmittel beim Sklavenhandel verwendet. Obwohl die Perlen aus Glas waren, sind sie heute sehr wertvoll. Sie sind jetzt auf der Insel in einem Museum zu sehen.

Wo das Wrack zuvor lag und warum das Meer die schwere Fracht ausgerechnet im Jahr 2012 an Land spülte, weiß niemand.

Ebenfalls unklar ist der Herkunftsort einer anderen Fracht, die regelmäßig an Nordseeständen angespült wird, in Spanien, Frankreich, Belgien, den Niederlanden, Deutschland, Dänemark, Norwegen und Schweden. Dort tauchen immer wieder etwa dreißig mal dreißig Zentimeter große, quadratische Platten mit der Aufschrift Tjipetir auf.

Tjipetir ist ein Ort in Indonesien, und von dort stammen die Platten aus Guttapercha, einem kautschukähnlichen Naturkunststoff, mit großer Sicherheit. In diesem Dorf gab es nämlich vor rund hundert Jahren eine Fabrik, die solche Platten als Rohstoff für kunststoffartige Substanzen herstellte. Vermutlich waren die Platten an Bord eines japanischen Schiffs, das im Ersten Weltkrieg von einem deutschen U-Boot versenkt wurde. Sie sehen noch immer aus wie neu und sind begehrte Sammelobjekte.

Nur zwanzig Jahre alt sind Legoteile, die immer wieder in Perranporth im Südwesten Großbritanniens an Land gespült werden. Sammelwert besitzen sie dennoch. Sie stammen nämlich von dem Frachtschiff „Tokio Express“, das auf dem Weg von Amsterdam nach New York von einer riesigen Welle getroffen wurde und dabei 62 Container seiner Ladung verlor. Einer davon war gefüllt mit mehr als vier Millionen Legoteile, die das Meer jetzt nach und nach freigibt. Unter Sammlern sind besonders die grünen Drachen und die schwarzen Oktopusse begehrt.

Was mit den anderen Containern geschah, weiß niemand. Schätzungen zufolge gehen jährlich rund 30 Container auf hoher See verloren. Vermutlich wird ihr Inhalt irgendwann in ferner Zukunft von Schatzsuchern in aller Welt entdeckt werden.

Lieber liegen lassen!
Gefährliche Strandfunde

Es ist nicht alles Gold, was glänzt. Diesen Spruch sollten nicht nur Bernsteinsammler im Kopf haben, um der Verwechslungsgefahr mit gefährlichem Phosphor entgegenzuwirken. Auch wer glitzernde Materialien oder seltsam geformte Metallteile am Strand findet, muss vorsichtig sein. In beiden Weltkriegen wurden nämlich Tausende Tonnen Sprengstoff und Munition im Meer versenkt. Auf dem Grund von Nord- und Ostsee verrottet ein ganzes Waffenarsenal. Gewehrpatronen, Minen, Raketen und Torpedos korrodieren dort seit vielen Jahrzehnten, bröckeln, zerfallen und setzen Sprengstoff frei. Wellen schwemmen die gefährlichen Stoffe an den Strand, wo Strandsammler sie finden.

Schätzungen zufolge lagern in vielen Wohnzimmern Kampfstoffe auf den Fensterbrettern, hübsch dekoriert zwischen Strandgut. Es ist nämlich auch nicht alles Stein, was hart ist. Ziegelsteine können in Wahrheit Schießwolle sein, vermeintliche Fossilien sind vielleicht Nitrozellulosestangen, bei stark gelb färbenden Steingebilden kann es sich um den Sprengstoff TNT handeln, und was auf den ersten Blick aussieht wie Lehmbrocken, könnten Senfgasklumpen sein.

Solche Funde sind selten und man muss sich von dieser Gefahr nicht den Spaß am Strand verderben lassen. Im Zweifelsfall sollte man bei einem merkwürdigen Strandfund aber doch lieber Experten zu Rate ziehen.

Weiße, wachsartige Klumpen, die man oft an Nord- und Ostseestränden findet, bestehen übrigens aus Paraffin. Dieses Erdölprodukt, aus dem unter anderem auch Kerzen und Kosmetika hergestellt werden, wird oft in Tankern übers Meer transportiert. Wenn die Schiffe die Ladung im Hafen gelöscht, also abgeladen haben, bleiben Rückstände in den Tanks zurück. Sie dürfen ganz legal auf hoher See ausgespült werden und gelangen so ins Meer. Für Menschen sind sie nicht gefährlich, für Wasservögel aber schon.

Survival-Tipps für Strandpotatoes

Sonnenbrand: Am Meer muss man besonders darauf achten, keinen Sonnenbrand zu bekommen. Sand und Wasser reflektieren die Sonnenstrahlung, feuchte Haut ist empfindlicher als trockene, und Wassertröpfchen können wie Brenngläser wirken. Ob die Haut Schaden genommen hat, merkt man leider immer erst, wenn's zu spät ist: Ein Sonnenbrand tritt etwa vier bis acht Stunden nach der eigentlichen Schädigung auf, und sein Höhepunkt ist erst nach vierundzwanzig Stunden erreicht.

Wenn's dann mal passiert ist, empfehlen Hautärzte: Hände weg von Hausmitteln wie Quark und Zitronensaft. Stattdessen kühlen, und zwar sofort, mit sauberem Wasser, mindestens zehn Minuten lang, besser noch viel länger. Das geht auch mit feuchten Tüchern. Zum Kühlen sollte man aber niemals Eis verwenden, die starke Kälte schadet der gereizten Haut zusätzlich. Anschließend sollte man die geröteten Hautpartien mit milder, parfümfreier, nicht allzu fetthaltiger Lotion eincremen. Gut ist es, wenn die Creme den Wirkstoff Dexpanthenol enthält. Man sollte nach einem Sonnenbrand auch viel trinken.

Achtung, bei großflächigem Sonnenbrand oder Blasenbildung lieber zum Arzt gehen!

Sonnenstich und Hitzschlag: Das ist nicht dasselbe. Beim Sonnenstich hat die Sonne zu lange auf Kopf und Nacken gestrahlt. Dadurch wird der Kopf so stark erhitzt, dass sich sogar die Hirnhaut entzünden kann. Symptome sind ein roter Kopf, Ohrgeräusche, Kopfschmerzen, Übelkeit, Schwindel, Benommenheit und Nackenschmerzen, aber kein Fieber. Babys und Kleinkinder sind besonders gefährdet. Zur Vorbeugung sollte man helle Kopfbedeckungen mit Krempe tragen.
Ein Hitzschlag ist noch gefährlicher. Dabei wird der ganze Körper überhitzt. Die Körpertemperatur steigt auf über 40 Grad an, es kommt zu Mattigkeit, Schläfrigkeit, hohem Puls und niedrigem Blutdruck, in schweren Fällen zu Krämpfen, Halluzinationen und Ohnmacht.

Behandlung in beiden Fällen: Kühlen. Trinken. Arzt!

Kühle Getränke: Flaschen kann man einfach in feuchtem Sand vergraben, dann bleibt der Inhalt kalt.

Marienkäfer: Ja, sie sind niedlich und bringen Glück. Aber nicht, wenn sie milliardenfach auftreten. Und das kommt am Strand leider immer mal wieder vor. Wer es nicht selbst gesehen hat, kann kaum glauben, wie unangenehm diese

Käferplagen sind. Am Wassersaum knirschen die Schritte auf toten Käfern, aber viel schlimmer sind die lebendigen Vertreter dieser Art. Nach kürzester Zeit ist man von ihnen übersät. Ihre Bisse sind zwar harmlos, aber das Kribbeln überall auf der Haut ist unerträglich.

Damit die Käfermassen am Strand auftauchen, müssen zwei Faktoren zusammenkommen: Das Nahrungsangebot muss überdurchschnittlich gut sein, und ein ungünstiger Wind muss die Glückskäfer in Scharen aufs Meer wehen, von wo sie in großer Panik fliehen und sich ausgehungert auf alles stürzen, was nur irgendwie nach Nahrung aussieht.

Leider kann man dagegen wenig tun. Auf gelbe und orangefarbene Kleidung sollte man bei Käferplagen unbedingt verzichten. Damit zieht man die Tiere förmlich an. Und sonst hilft nur abwarten und Tee trinken, am besten weit weg vom Meer, in Innenräumen.

Strandjoggen: Joggen auf Sand ist gesund. Auf weichem Sand ist das Laufen aber viel anstrengender als auf anderen Böden. Deswegen ist die Überlastungsgefahr groß. Selbst geübte Jogger sollten anfangs nicht länger als fünfzehn Minuten am Strand joggen und sich dann langsam steigern. Es ist wichtig, oft die Laufrichtung zu ändern, weil sich das Ufer gegen die Wasserfläche neigt und die Muskeln dabei einseitig belastet werden.

Strand aktiv

Strandyoga

Sand zwischen den Zehen, Wind im Haar, Sonne auf der Haut. Im Urlaub am Meer hat man ein ganz anderes Körpergefühl als zu Hause im Alltag. Man spürt sich wieder mehr. Und dieses Gefühl kann man mit ein paar Yoga-Übungen am Strand vertiefen.

Yoga am Strand hat viele Vorteile: Das Meeresrauschen und die blauen und grünen Farben wirken entspannend, der Sand ist weich, der Horizont weit. Dabei kann man gut lockerlassen. Wer öfter am Strand übt, kann außerdem später die Erinnerung ans Meer leicht ins Gedächtnis rufen, wenn er die Übungen zu Hause wiederholt.

Es gibt aber auch ein paar Nachteile: Sand ist am Strand überall, er klebt auch an den Händen und kann bei manchen Übungen in die Augen rieseln. Und man ist am Strand natürlich selten allein. Neugierige Blicke muss man schon aushalten können. Wen das aber nicht stört, der sollte ruhig ein paar Übungen ausprobieren. Hier sind drei, die gut zu Strand und Meer passen. Namasté!

Der Fisch

Diese Übung entspannt und stärkt Schulter- und Rückenmuskeln, erhöht die Lebenskraft und beseitigt Steifheit im Lenden- und Halswirbelbereich. Auch emotionale Spannungen werden abgebaut. Man fühlt sich frei und offen für Neues.
Wer schwere Schilddrüsen-Probleme oder Probleme mit Schwindel hat, der vom Nackenbereich kommt, sollte die Übung nicht ausführen.

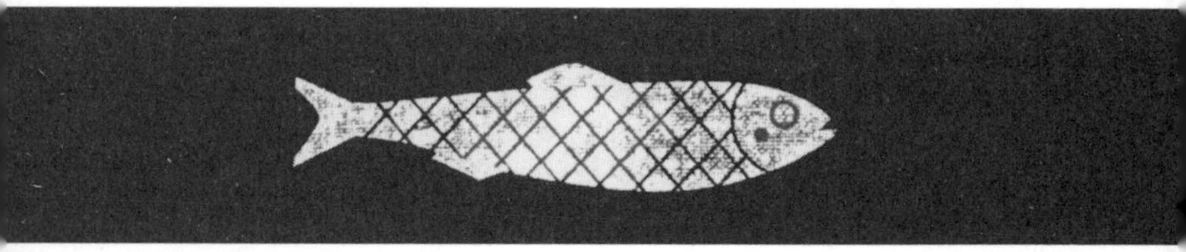

Und so geht's:

Rückenlage, Hände unter den Po Richtung Oberschenkel schieben, einatmen, den Brustkorb heben, den Kopf nach hinten legen. Die Dehnung muss im Brustbereich spürbar sein, nicht bei den Lendenwirbeln. Drei Viertel des Gewichts liegen jetzt auf den Händen, nur ein Viertel auf dem Kopf. Bei der sanfteren Variation des Fischs lässt man den Nacken gerade. Tief und gleichmäßig atmen, solange die Stellung angenehm ist. Um sie aufzulösen, hebt man beim Einatmen den Kopf und lässt Kopf und Oberkörper beim Ausatmen sanft nach unten sinken.

Sanftere Variation:

Das Boot

Wie wäre es mit einem straffen Bauch? Dazu verhilft die Übung „Das Boot“ ganz nebenbei. Außerdem regt sie die Verdauung an, gibt Energie und baut Stress ab.

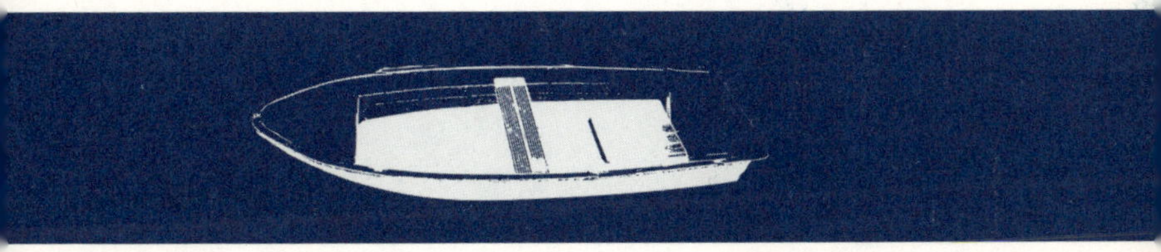

So geht’s:

Aufrecht hinsetzen, Knie anwinkeln, die Füße auf den Boden stellen. Bauch anspannen, Oberkörper leicht zurücklehnen. Erst das eine, dann das andere Bein anheben und möglichst gerade ausstrecken. Die Arme Richtung Knie strecken, frei halten oder die Knie umfassen. Fünf bis zehn Atemzüge halten, mehrfach wiederholen.

Sonne und Mond verbinden

Zum Abschluss der Yogasitzung tut es gut, mit einer Atemübung „Sonne und Mond zu verbinden“. Das rechte Nasenloch ist nämlich der Sonne zugeordnet, das linke dem Mond. Atmet man durchs rechte ein, nimmt man Sonnenenergie auf, durchs linke gibt man sie dann an den Mond ab. Anschließend nimmt man durchs linke Nasenloch Mondenergie auf und gibt sie beim Ausatmen rechts wieder an die Sonne ab. Durch diese gleichmäßige, ruhige Wechselatmung im eigenen Rhythmus findet man inneres Gleichgewicht und kommt zur Ruhe.

Zum Verschließen der Nasenlöcher winkelt man Zeige- und Mittelfinger der rechten Hand an und schließt die Nasenlöcher abwechselnd mit dem Daumen (rechts) und mit dem kleinen Finger und dem Ringfinger (links).

Message in a Bottle – Flaschenpost

2013 sorgte eine wahre Geschichte für Schlagzeilen: Zwei Jahre nach dem Tod ihrer Tochter erhielt eine Mutter plötzlich eine letzte Botschaft ihres Kindes. Die Tochter hatte den Brief mehr als zehn Jahre zuvor als kleines Mädchen geschrieben, zusammengerollt, in eine grüne Flasche gesteckt und ins Meer geworfen. Viele Jahre später wurde sie von Hurrikan Sandy in New York an Land gespült. Bei der Botschaft handelte es sich um ein Filmzitat aus dem Lieblingsfilm des Mädchens „Bill & Teds verrückte Reise durch die Zeit". Es lautete: „Be excellent to yourself." Über die dort ebenfalls notierte Telefonnummer wurde die Mutter ausfindig gemacht, die aus der unerwarteten Nachricht Kraft schöpfte.

2016 gab es erneut Schlagzeilen um eine New Yorker Flaschenpost. Diesmal war die amerikanische Metropole allerdings der Startpunkt der Flasche, und sie wurde in Frankreich angespült. Ein US-amerikanischer Maler hatte die Zeichnung eines Kormorans samt Brief und E-Mailadresse in eine durchsichtige Weinflasche gesteckt und in der Bucht von New York in den Atlantik geworfen. Zweieinhalb Jahre später fand eine französische Malerin die Botschaft in La Tremblade, etwa 5700 Kilometer vom Startpunkt entfernt. Die beiden Künstler nahmen Kontakt auf.

Solche Geschichten machen richtig Lust, selbst eine Flaschenpost auf die Reise zu schicken. Denn anders als übliche Postwege ist der Transport übers Wasser unberechenbar. Winde und Wasserströmungen bestimmen den Weg der Nachricht. Man kann versuchen, die Route einer Flaschenpost mit Hilfe von Internetseiten wie „windyty.com" vorherzusagen. Aber letztlich kann man ihren Weg noch immer genauso wenig präzise berechnen wie das Wetter. Eine Flaschenpost kann abdriften, sie kann stranden, ohne entdeckt zu werden, sie kann zerschellen, vielleicht wird sie auch einfach undicht und geht unter. 2015 entdeckte eine pensionierte Postbeamtin in ihrem Urlaub auf Amrum die bisher langsamste Flaschenpost der Welt. Sie war genau 108 Jahre und 138 Tage unterwegs, der Absender war vor 60 Jahren gestorben. Wer also sicher sein will, dass eine Botschaft auch wirklich in New York ankommt, sollte sie lieber mit der Post verschicken.

Aber genau diese Unberechenbarkeit macht das Verschicken von Flaschenpost so faszinierend. Bücher und Internetseiten berichten immer wieder über Menschen, deren Hobby es ist, Flaschenpostbriefe zu verschicken oder zu finden. Auch als Hilfsmittel von Wissenschaftlern zur Erforschung von Strömungen wurde Flaschenpost schon verwendet. Und der Kieler Peter Scharstein versendet als „Flaschenpostredakteur“ regelmäßig eigene und fremde Texte. Abonnieren kann man sie nicht. Nur finden.

So erhöht man die Chancen seiner Flaschenpost

- Dickwandiges Glas ist haltbarer.
- Unbedingt durchsichtige Flaschen verwenden, damit man die Botschaft von außen sehen kann.
- Auffällige, formschöne Flaschen werden eher aufgehoben und betrachtet. Man kann die Flasche auch mit Farbe verzieren und Münzen oder Steinchen mit einfüllen, damit sie beim Aufheben klimpert.
- Die Flasche muss innen sauber und trocken sein, sonst schimmelt das Papier.
- Bleistift ist dauerhafter als Kugelschreiber oder Tinte.
- Text mehrsprachig verfassen, falls möglich.
- Datum und Startpunkt notieren. Adresse nicht vergessen.
- Je interessanter ein Brief, desto wahrscheinlicher ist eine Antwort.
- Papier eng rollen und mit einem Faden zusammenbinden, damit man es leichter entnehmen kann.
- Schraubverschluss oder Korken mit Siegelwachs abdichten.
- Entweder bei ablandigem Wind und beginnender Ebbe oder von einem Schiff aus zu Wasser lassen.

Nixchen – kleine Gedichte für zwischendurch

Kinder kennen die Mini-Gedichte zum Selbermachen meist aus der Schule, und da heißen sie Elfchen, weil sie aus genau elf Wörtern bestehen. Wenn man sie aber am Strand dichtet, muss man sie natürlich Nixchen nennen. Und dieser Name passt genauso gut. Denn die Mini-Gedichte sollen Spaß machen und sonst nix. Und das tun sie, auch wenn man sich vielleicht erst mal skeptisch fragt: Ist das nicht albern? Kann ich das überhaupt? Blamier ich mich da?
Garantiert nicht! Einfach mal ausprobieren!
Man kann Nixchen natürlich ganz allein verfassen. Mehr Spaß macht das Dichten aber in Gesellschaft. Auf dem Papier wirken die Mini-Gedichte nämlich oft viel schlichter als beim lauten Vorlesen. Und der sicher nicht ausbleibende Applaus veranlasst zu kreativen Höchstleistungen.

Und so geht's:

Jeder braucht einen Stift und ein Blatt Papier. Zusammen setzt man sich an den Strand, und fängt einfach an. Die Gedichte müssen sich nicht reimen. Wichtig ist nur ihr Aufbau:

Zeile 1: Hier besteht das Nixchen aus einem einzigen Wort. Es bezeichnet etwas, das man in genau diesem Moment, sieht, hört, riecht oder fühlt.

Zeile 2: Zwei Wörter beschreiben das Wort aus Zeile eins näher. Was tut es? Oder welche Eigenschaften hat es?

Zeile 3: Noch mehr Beschreibung, in exakt drei Wörtern.

Zeile 4: Eigene Gedanken oder Gefühle. Vier Wörter.

Zeile 5: Ein Wort, das quasi ein Fazit zieht.

Man muss diesen Aufbau nicht allzu streng einhalten, dann macht das Dichten mehr Spaß. Wenn nach einiger Zeit jeder eine vorher festgelegte Anzahl von Nixchen geschrieben hat, werden sie abwechselnd vorgelesen. Die Ergebnisse sind verblüffend oder lustig oder beides.

Beispiel-Nixchen:

Sand.
Rieselt leicht
zwischen meinen Fingern.
War einst ein Stein.
Zeit.

Hund.
Nase zuckt.
Schnuppert den Wind.
Sehnt sich nach Möwen.
Leinenfrust.

Und zum Schluss …

Irischer Segenswunsch

Möge das Rauschen der Wellen
dir inneren Frieden schenken
ein Leben lang.

Teil 2:

In der Brandung

Wer Perlen will, der muss ins Meer sich stürzen.

Johann Wolfgang von Goethe

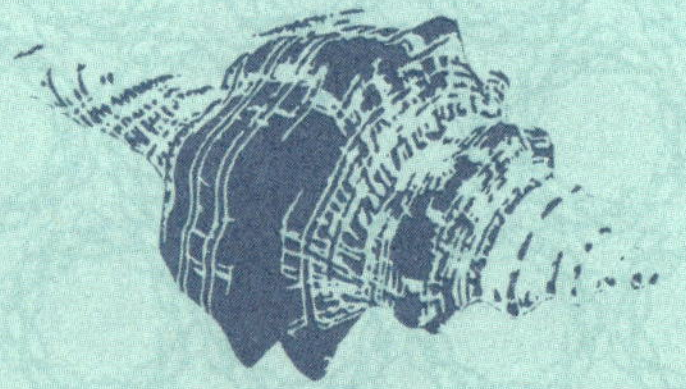

Seele des Menschen, wie gleichst du dem Wasser

Baden ist nicht gleich Baden. Es ist ein großer Unterschied, ob man in einen gechlorten Pool oder in ungezähmtes, wildes Wasser eintaucht. Das zeigt schon ein Blick auf Sprache und Literatur.

Das Wort See kommt seit dem 16. Jahrhundert in zwei Varianten vor, einer männlichen und einer weiblichen. Der See besteht aus Süßwasser, die See ist ein Synonym fürs Meer. Möglicherweise hat das Wort See dieselben uralten Wurzeln wie das Wort Seele. Sprachwissenschaftler sind sich da noch nicht einig, aber möglich ist es, denn Wasser und Seele waren im menschlichen Bewusstsein schon immer eng verknüpft. Schon in einem der ältesten Literaturwerke der Menschheit, dem Gilgamesch-Epos, ist von den „Wassern des Todes" die Rede, einem Meer, das das Land der Seligen umschließt. Und solche Textstellen ziehen sich bis heute wie ein roter Faden durch die Weltliteratur. In Goethes Gedicht „Gesang der Geister über den Wassern" beispielsweise heißt es:

Seele des Menschen
Wie gleichst du dem Wasser!
Schicksal des Menschen,
Wie gleichst du dem Wind!

Zwischen See und Seele bestand auch für den Dichter Heinrich Heine ein enger Zusammenhang. So schrieb er in seinen Reisebildern:

„Ich liebe das Meer wie meine Seele. Oft wird mir sogar zumute, als sei das Wasser eigentlich meine Seele selbst, und wie es im Meer verborgene Wasserpflanzen gibt, die nur im Augenblick des Aufblühens an dessen Oberfläche heraufschwimmen: so kommen zuweilen auch wunderbare Blumenbilder heraufgeschwommen aus der Tiefe meiner Seele, und duften und leuchten und verschwinden wieder."

Viele Seelenforscher sahen und sehen ebenfalls einen Zusammenhang zwischen Wasser und Seele. Für Sigmund Freud beispielsweise war es ein Symbol für Mutterliebe und Geborgenheit, für C. G. Jung symbolisierte das Meer das Unterbewusste der menschlichen Seele.

Anders als ein Fluss oder ein ruhiger Bergsee hat das Meer für uns stets zwei Gesichter: Zum einen dient es als blauer Sehnsuchtsort, von dem wir träumen, wenn wir uns reif für die Insel fühlen. Gleichzeitig kennen wir aber auch die Gefahren des

Meeres und fürchten uns vor seinen Untiefen und Untieren. Kein Wunder, dass auch unsere Sprache sowohl die Liebe zum Meer als auch die Furcht davor widerspiegelt, wenn wir zum Beispiel von Wogen des Glücks, vom Meer der Tränen oder vom Strudel der Leidenschaften sprechen und beruflich und privat Schiffbruch erleiden.

Wir empfinden das Meer also gleichzeitig als Kraftquelle und als unbezwingbare Urkatastrophe. Und genau diese beiden Aspekte machen ein Bad im Meer zu etwas Besonderem. Es bedeutet Leben, kann aber auch den Tod bringen. Und wenn wir in sein Wasser eintauchen, umschäumt es uns prickelnd, aber wir wissen, dass es uns auch in die Tiefe ziehen kann.

All das sollten wir im Hinterkopf haben, wenn wir uns jetzt gedanklich in die Brandung begeben und uns als Erstes fragen, was das eigentlich für ein Wasser ist, in das wir unseren Zeh tauchen ...

Der Mensch und das Meer

Du freier Mensch, du liebst das Meer voll Kraft,
Dein Spiegel ist's. In seiner Wellen Mauer,
Die hoch sich türmt, wogt deiner Seele Schauer,
In dir und ihm der gleiche Abgrund klafft.

Du liebst es, zu versinken in dein Bild,
Mit Aug' und Armen willst du es umfassen,
Der eignen Seele Sturm verrinnen lassen
In seinem Klageschrei, unzähmbar wild.

Charles Baudelaire

Uraltes Wasser

Das Meer, diese unendlich erscheinende Wasserfläche, wird gern mit dem Begriff Ewigkeit assoziiert. Denn schließlich gab es das Meer schon immer.

Na ja, fast immer.

Der Planet Erde entstand vor ungefähr 4,6 Milliarden Jahren im sogenannten Hadaikum. Diese Zeit ist nach dem griechischen Gott Hades benannt, dem Herrscher des Totenreichs. Und der Name passt. Damals lebte nämlich wirklich nichts auf der Erde. Wie auch? Sie bestand aus flüssigem Stein, und es war unerträglich heiß hier.

Woher das erste Wasser kam, weiß niemand. Vielleicht aus dem Erdinneren, es könnte aus flüssigem Gestein herausgedampft sein. Oder stammte es aus dem All? Ein Eismeteorit könnte auf der Erde eingeschlagen sein.

Fest steht lediglich: In der damals herrschenden Hitze gab es kein flüssiges Wasser, sondern nur Wasserdampf.

Als die Erde vor 4,4 Milliarden Jahren langsam abkühlte, kondensierte dieses Wasser, und es begann zu regnen. Viele Jahrtausende lang. Das Urmeer entstand, aber weil es immer noch heiß war, kochte und brodelte es.

Erst vor ungefähr 3,5 Milliarden Jahren war das Wasser so weit abgekühlt, dass erste Lebewesen entstehen konnten, vermutlich Bakterien. Wie sie aus unbelebter Materie entstanden sind, ist ebenfalls noch nicht geklärt. Und bis jetzt hat es noch kein Wissenschaftler geschafft, diesen Prozess im

Labor nachzustellen und quasi im Reagenzglas eine Ursuppe zusammenbrauen, in der aus chemischen Bestandteilen Leben entsteht. Dabei haben es schon viele versucht. Es dauerte weitere drei Milliarden Jahre, bis aus den ersten Bakterien Tiere und Pflanzen wurden. Anfangs lebten sie nur im Meer, später besiedelten sie auch das Land. Damals gab es nur einen einzigen Kontinent, Pangaea, der von einem zusammenhängenden, riesigen Meer umgeben war, das Wissenschaftler heute Panthalassa nennen.

Vor ungefähr 250 Millionen Jahren geschah dann etwas Seltsames. Auf einmal war fast alles Leben wieder weg. Warum? Niemand weiß es. Waren es Klimaveränderungen? Einflüsse aus dem Weltall wie eine Supernova? Meteoriteneinschläge? Fest steht nur: Etwas Ähnliches geschah jetzt alle paar Millionen Jahre. Insgesamt starben rund neunzig Prozent sämtlicher Tier- und Pflanzenarten wieder aus, unter anderem die Dinosaurier. Und das lag nicht daran, dass sie, wie oft behauptet, zu viel Panzer und zu wenig Hirn hatten. Die meisten anderen Arten starben ja auch aus.

Auch das Meer war im Laufe der Erdgeschichte vielen Veränderungen unterworfen. Der Superkontinent Pangaea zerbrach in mehrere Kontinente, die langsam auseinanderdrifteten, dazwischen bildeten sich Meere, Atlantik, Pazifik und Co. Manchmal vergrößerten sie sich aufgrund von klimatischen Veränderungen, manchmal wurden sie kleiner oder verschwanden sogar ganz. Vor etwa sechs Millionen Jahren beispielsweise trocknete das gesamte Mittelmeer aus, weil sich die Kontinente so verschoben, dass sie dem Mittelmeer buchstäblich das Wasser abgruben. Inseln wie Korsika, Sardinien oder Mallorca waren plötzlich Berggipfel. Das hat aber damals keinen Menschen gestört, denn Menschen gab es noch nicht. Sie besiedeln die Erde erst seit etwa zwei Millionen Jahren, und als sie auftauchten, war das Mittelmeer längst wieder da. Der Atlantik hatte es über die Straße von Gibraltar neu geflutet. Andere verschwundene Meere aber blieben für immer trocken. Noch heute findet man ja in vielen Steinbrüchen versteinerte Meerestiere, die davon zeugen, dass an unseren Wohnorten einst Meeresgrund war. Dafür entstanden neue Meere.

Das jüngste davon ist die Ostsee. Noch vor zwölftausend Jahren gab es da, wo sie heute liegt, nur einen großen Süßwassersee. Als die Gletscher schmolzen, brach die Landbrücke zwischen Dänemark und Südschweden ein. Der See verband sich mit dem Atlantik und wurde zum salzhaltigen Meer. Da viele große Flüsse ständig neues Süßwasser in die Ostsee transportieren und der Zufluss von Salzwasser aus der Nordsee nur durch eine schmale Meerenge, das Kattegat, erfolgt, hat die Ostsee noch heute einen geringeren Salzgehalt als alle anderen Meere.

Aber egal, wo wir im Meer schwimmen – wir baden immer noch in Panthalassa, dem einen, einzigen, riesigen Meer. Und es ist auch immer noch dasselbe uralte Wasser, in das wir eintauchen. Es wechselt immer mal seinen Ort, verschwindet aber niemals ganz.

Vom Kommen und Gehen des Meeres

Zweimal am Tag kommt das Meer, zweimal am Tag geht es. Das ist schon seit uralten Zeiten bekannt. Lange rätselten Naturforscher darüber, woran das liegt. Sind Temperaturveränderungen der Erde die Ursache? Ist es die Erdrotation? Darüber gab es unterschiedliche Theorien.

Erst nachdem Isaac Newton 1687 das Gravitationsgesetz entdeckt hatte, war klar, dass drei Himmelskörper den Wasserstand des Meeres beeinflussen: die Erde, die Sonne und der Mond. Der Herr der Gezeiten allerdings ist der Mond, sein Einfluss auf Ebbe und Flut ist am größten.

Um das zu verstehen, muss man sich an den Physikunterricht in der Schule zurückerinnern, Stichwort Schwerkraft oder auch Gravitation: Massen ziehen sich gegenseitig an. Deswegen fliegen wir alle bei einem Windhauch nicht weg, die Erde zieht uns mit ihrer gewaltigen Masse an.

Wir ziehen die Erde natürlich auch an, wir haben ja auch Masse. Aber wer sich die Größenverhältnisse Mensch-Erde vor Augen führt, versteht leicht, dass unsere Anziehung auf die Erde so gering ist, dass man sie vernachlässigen kann.

Beim Mond ist das anders. Dank der Gravitation zieht er die Erde an, und sie ihn. Und weil das Wasser auf der Erde flüssig ist, hebt der Mond es mit seiner Anziehung an. An der Seite unseres Planeten, der er gerade näher ist, bildet sich also ein Wasserberg.

Und jetzt wird es kompliziert: Genau auf der anderen Seite der Erde entsteht nämlich ein weiterer Wasserberg, ihn verdanken wir der Fliehkraft. Und die wird wirksam, weil Erde und Mond sich umeinanderdrehen. Oder, korrekt ausgedrückt: Sie drehen sich um einen gemeinsamen Schwerpunkt.
Um die Fliehkraft zu verstehen, kann man sich zwei Mädchen vorstellen, die sich an den Händen haltend im Kreis drehen. Durch die Fliehkraft wehen ihre Haare nach außen.
Die Fliehkraft allerdings, die durch die Drehung von Erde und Mond entsteht, ist überall auf der Erde gleich stark. Warum entsteht der zweite Wasserberg dann ausgerechnet auf der dem Mond abgewandten Seite?
Das liegt nun wieder an der Gravitationskraft, die die Fliehkraft abschwächt. Da, wo die Gravitationskraft am schwächsten ist, nämlich auf der dem Mond abgewandten Seite, bleibt die Fliehkraft am stärksten, und deswegen entsteht da der

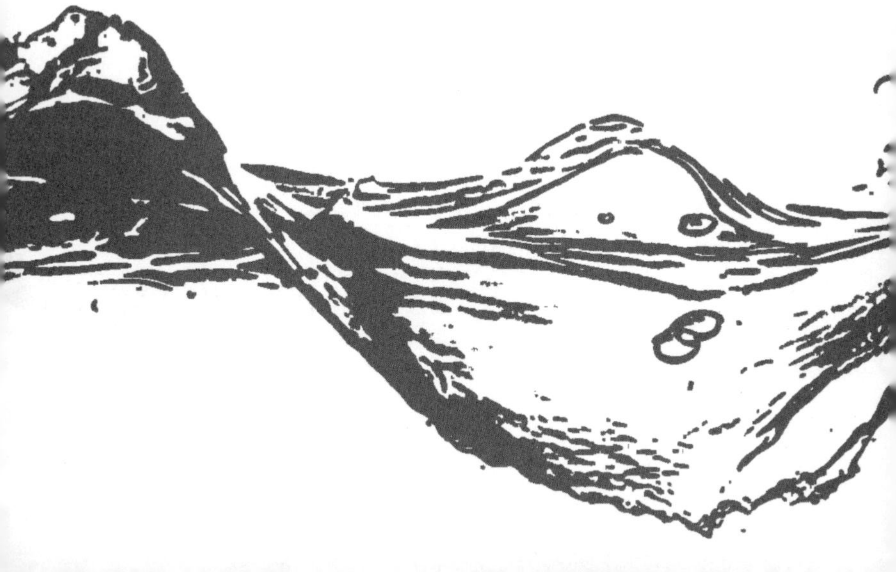

zweite Wellenberg. Auf der Erde gibt es also immer zwei Flutberge und zwei Ebbetäler, und die Erde selbst dreht sich darunter durch.

Auch die Sonne hat Einfluss auf die Gezeiten, aber einen geringeren, weil sie von der Erde weiter entfernt ist. Immerhin ist ihre Einwirkung noch groß genug, um die Wirkung des Mondes abzuschwächen oder zu verstärken. Steht sie bei Vollmond oder bei Neumond mit Erde und Mond in einer Geraden, verstärkt sie die Gezeiten, und es kann zu einer Springflut kommen. Steht sie in einem rechten Winkel, schwächt sie beides ab.

Wem das jetzt zu kompliziert war, der merke sich einfach folgende Regeln: Zwischen zwei Fluten liegen zwölf Stunden und 25 Minuten. Und: Bei Vollmond und bei Neumond fallen Ebbe und Flut stärker aus. Mehr muss man nicht wissen.

Gesalzene Fakten

Jeder Regentropfen endet im Meer, egal, wo er auf die Erde trifft. Irgendwann versickert er, gelangt ins Grundwasser, in Bäche und Flüsse, und eines Tages führt ihn sein Weg in den Ozean. Unterwegs löst er Mineralien und Salze aus der Erdkruste und nimmt sie mit. Wenn dann die Sonne aufs Meer scheint, verdunstet das Wasser wieder und wird irgendwann zu einer Wolke und zu Regen. Sein Weg beginnt erneut. Die Salze aber bleiben im Meer.

Vulkane und Gesteine am Meeresgrund setzen ebenfalls Salz frei, das ist die zweite Salzquelle des Meeres. Und weil das schon seit Milliarden Jahren so abläuft, schmeckt das Meer inzwischen salzig.

Eigentlich müssten die Meere durch diesen ewigen Kreislauf immer salziger werden. Aber das geschieht nicht, denn ein Teil des Salzes lagert sich am Meeresboden ab. Immer wieder trocknen zudem Meeresarme aus und lassen Salzschichten zurück. Zufuhr und –abfuhr halten sich die Waage.

In Puncto Salzgehalt ist Meer allerdings nicht gleich Meer. Hier gibt es große Unterschiede. Je nach Lage, Klima, Temperatur, Regenmenge, Eisschmelze und Anzahl der einströmenden Flüsse verschiebt sich der Salzgehalt.

Ostsee: 0,8 Prozent
(Deutsche Ostsee: 1,8 Prozent,
Finnische Ostsee: 0,3 Prozent)
Nordsee: 3,5 Prozent
Atlantik: 3,54 Prozent
Mittelmeer: 3,7 Prozent
Totes Meer: 28 Prozent

Kann man Meerwasser trinken?

Schiffbrüchige treibt diese Situation fast in den Wahnsinn: Weit und breit ist nur Wasser zu sehen, und doch drohen sie zu verdursten. Denn Meerwasser kann man nicht gefahrlos trinken. Der Salzgehalt unseres Blutes liegt bei ungefähr 0,9 Prozent. Meistens ist Meerwasser aber salziger. Wenn wir es trinken, wird es vom Magen aufgenommen und auch unser Blut wird salziger. Nun versuchen die übrigen Körperzellen, dieses Ungleichgewicht auszugleichen. Sie geben Wasser ans Blut ab, verdünnen es dadurch, senken seinen Salzgehalt, bekommen aber selbst durch den Wasserverlust eine höhere Salzkonzentration. Rasch herrscht überall im Körper wieder der gleiche, jetzt natürlich höhere Salzgehalt. Der Fachausdruck für diesen Vorgang lautet Osmose.

Nun beginnen unsere Nieren auf Hochtouren zu arbeiten, um das überflüssige Salz schnellstmöglich wieder auszuscheiden. Und das können sie nur schaffen, wenn sie es mit viel Wasser ausschwemmen. Unser Körper verliert also nach dem Genuss von Salzwasser mehr Flüssigkeit, als er beim Trinken zu sich genommen hat, und trocknet dadurch aus. Man verdurstet quasi von innen.

Fische können anders als wir Meerwasser trinken, weil sie es zuvor durch ihre Kiemen entsalzen.

Wale und Delfine haben als Säugetiere keine Kiemen, besitzen aber leistungsfähigere Nieren als wir, sodass sie mehr Salzwasser vertragen als Menschen.

Woher stammt das Salz in unserer Suppe?

Nur ungefähr 30 Prozent des Salzes, das wir verwenden, stammt übrigens aus dem Meer. Der Rest kommt aus Salzbergwerken und unterirdischen Solevorkommen, die angebohrt werden.

Meersalzgewinnung ist nämlich aufwendiger als die Förderung von Steinsalz in Bergwerken. Das Meerwasser wird dazu in große, flache Becken geleitet, wo es dank Wind und Sonne verdunstet, was nur in sehr heißen Ländern möglich ist. Das edelste Salz, la Fleur de Sel oder Blume des Salzes genannt, entsteht nur an besonders heißen Tagen. Dann bilden sich auf der Oberfläche des Wassers kleine Salzblumen, die von Hand abgeschöpft werden. Sie enthalten mehr Calcium und Magnesium als anderes Salz und sind knuspriger, Feinschmecker schätzen sie deswegen sehr.

Das restliche Meersalz wird nach der Gewinnung gereinigt und aufbereitet, damit es weiß und rieselfähig wird.

Badeglück

Ab ins Nass!

Wenn wir in schäumendes Salzwasser tauchen und uns in wilde Wellen werfen, fühlen wir uns manchmal, als kehrten wir in ein Element zurück, für das wir von Natur aus geschaffen sind. Ein Blick ins Reich der Biologie lässt daran allerdings Zweifel aufkommen.

Die meisten Landsäugetiere können schwimmen, zumindest wenn sie es müssen. Sie paddeln dann ähnlich wie Hunde mit den Beinen und können sich auf diese Weise je nach Spezies länger oder kürzer über Wasser halten.

Die wenigstens Landsäuger schwimmen allerdings freiwillig und gern. Doch auch solche Arten gibt es, und bei vielen würde man es aufgrund ihres Körperbaus nicht vermuten. Elche, Wildschweine und Elefanten zum Beispiel sind begeisterte Schwimmer.

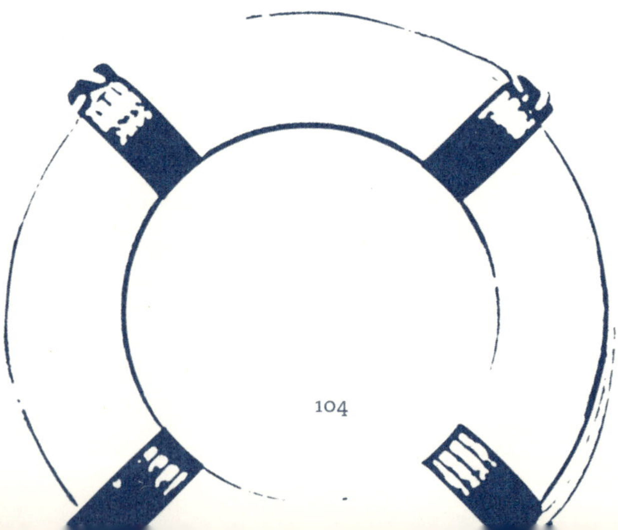

Die nächsten Verwandten des Menschen, die Menschenaffen, gehören nicht dazu. Sie sind ausgesprochen wasserscheu. In einigen Zoos sind die Gorillas nur durch ein Wasserbecken von den Besuchermassen getrennt. Das reicht, um sie zurückzuhalten. Seit Kurzem weiß man zwar, dass zumindest zahme Schimpansen und Orang-Utans das Schwimmen lernen können, wenn man es ihnen beibringt. Aber gern tun sie es nicht. Auch wir Menschen müssen Schwimmen erst mühsam lernen. Als Babys können wir fast alle reflexhaft tauchen, aber diese Fähigkeit geht nach ein paar Monaten verloren. Und wer einmal einem Kind Schwimmen beigebracht hat, weiß, dass Menschen dafür nicht von Natur aus geschaffen sind.

Trotzdem tun sie es seit mindestens 8000 Jahren, das weiß man von Höhlenzeichnungen, die schwimmende Menschen zeigen. Auch im alten Ägypten sowie im antiken Rom und Griechenland gehörte Schwimmen schon zum guten Ton. Wenn Römer beispielsweise einen besonders ungebildeten Menschen trafen, sagten sie über ihn, er könne „weder lesen noch schwimmen".

Kultivierte Menschen schwammen früher aber niemals im Meer. An den Stränden tummelten sich allenfalls Kinder im Wasser.

Die antiken Ärzte kannten zwar die Heilkraft des Salzwassers und rieten ihren Patienten durchaus zu Bädern. Aber in die ungezähmten Fluten schickten sie die Kranken dafür nicht. Als Kaiser Augustus beispielsweise auf Anraten seines Arztes zur Stärkung Meerwasserbäder nehmen sollte, mussten

Sklaven das Wasser in seine Villa tragen und in eine hölzerne Wanne füllen. Darin saß dann der Kaiser und bewegte nach Vorschrift des Arztes abwechselnd Hände und Füße.
Ab dem Mittelalter gerieten sowohl das Schwimmen als auch die medizinische Heilwirkung von Meerwasser in Verruf. Berühmte Ärzte rieten nun sogar ganz vom Kontakt mit Salzwasser ab. Sie glaubten, es würde den Körper austrocknen und das Blut verderben. Noch 1798 konnte man in einem der ersten Lehrbücher der „Schwimmkunst" lesen: „Es wird niemand einfallen, bloß zum Vergnügen in die stürmische See zu schwimmen." Mensch und Meer, da trafen nach Ansicht der damaligen Fachleute zwei Welten aufeinander, die man besser getrennt halten sollte.
Es waren wiederum Ärzte, die Ende des 18. Jahrhunderts die Heilkraft des Meerwassers neu entdeckten und erst in England und später auch in Frankreich und Deutschland die ersten Seebäder gründeten.
Mit heutigem Badespaß und Wellenhüpfen hatte der dortige Kurbetrieb aber nichts zu tun. Man badete in sogenannten Badekarren, geschlossenen, hölzernen Wagen, die man am Strand bestieg, natürlich nach Geschlecht getrennt. Während ein Pferd den Karren ein Stück weit ins Wasser zog, kleideten sich die Badegäste darin aus. Der Ausgang des Wagens wurde vom Fuhrmeister mit zeltartigen Planen verhüllt, um vor allem die Damen vor neugierigen Blicken von Strandspaziergängern zu schützen. Dann schritten die Badenden über eine Holztreppe ins Wasser und tauchten einige Minuten

lang unter. Dabei hielten sie sich an einem Seil fest, damit sie nicht abgetrieben werden konnten. Später trugen die Frauen beim Baden lange Kleider, deren Säume mit Blei beschwert wurden, damit sie nicht nach oben trieben. Für Männer kamen geringelte Herrenbadeanzüge mit kurzen Hosenbeinen in Mode. Die Badekarren waren aber trotzdem noch lange in Betrieb.

Ein Badeurlaub an der See galt damals als ernsthafte Angelegenheit und diente nur der Kräftigung und Gesundung.

Schon bald wurden die Seebäder allerdings heimlich zu geselligen Treffpunkten. „Es ist hier amüsant", berichtete Heinrich Heine, der 1825 auf Norderney kurte, in einem Brief an einen Freund. „Wellengeräusch, schöne Frauen, gutes Essen und göttliche Ruhe."

Und natürlich gab es bald auch erste Schwimmer, die sich jauchzend kopfüber in die Fluten stürzten. Das blieb aber lange Zeit ein Privileg junger Männer, die sich – teilweise sogar um bewusst zu provozieren – in die Arme von Mutter Natur warfen.

Es dauerte noch bis Mitte des zwanzigsten Jahrhunderts, bis Schwimmen im Meer so selbstverständlich wurde, wie es uns heute erscheint.

Wichtige Meilensteine auf diesem Weg waren die Erfindung der Pauschalreise durch den Engländer Thomas Cook um 1850, die Einführung bezahlten Jahresurlaubs ab 1900 und die zunehmende Reisefreudigkeit nach dem Zweiten Weltkrieg.

Und dann ging die Entwicklung auf einmal ganz schnell:

In den Sechzigerjahren galt eine Italienreise mit Sommer, Sonne, Strand und Meer plötzlich als Inbegriff der Erholung. Auch an Nord- und Ostsee änderten sich die Strandgewohnheiten. Nun planschten Badegäste überall knapp bekleidet im Wasser, zeigten Haut und wollten dabei sogar gesehen werden. Die Badekarren, die noch dreißig Jahre zuvor zum guten Ton gehört hatten, kannte auf einmal niemand mehr.

Ob sich unser Verhältnis zum Baden im Meer wohl irgendwann wieder ändert? Gut möglich. Schon jetzt geht in vielen Luxushotels der Trend zum Pool. Statt von einsamen Buchten träumen wohlhabende Gäste jetzt eher vom eigenen Planschbecken ohne Salzwasser, Wellen und Getier – aber trotzdem mit Blick aufs Meer.

Anleitung zum Wellenbad aus dem Jahr 1867

Die beste und bei den alten Praktikern beliebteste Stellung einer ankommenden Welle gegenüber ist die, dass man ihr den Rücken zukehrt, sich etwas bückt, die Hände auf die Knie stemmt und so den Schlag der Welle auf den Körperteil fallen lässt, der für Schläge eben bestimmt zu sein scheint. Die Woge stürzt dann wie ein brausender Wasserfall über den Kopf weg, und man kommt auf der anderen Seite unversehrt wieder zum Vorschein.
Unter Umständen geschieht es zuweilen, dass man plötzlich von einer mannshohen Welle überfallen, zu Boden geworfen und mit den Beinen in der Luft an den Strand geworfen wird. Glücklicherweise macht der weiche Sandgrund eine solche Fahrt weniger unangenehm, als dies auf steinigem Boden der Fall sein würde. Man kriecht nun mit geschlossenen Augen auf allen vieren ein Stück landeinwärts, um erst wieder auf die Beine zu kommen und dann von neuem den Wellen entgegenzugehen.
Mancher dürfte glauben, dass so ein Bad bei Wellenschlag mehr angreife, mehr ermüde, als das Bad bei ruhiger See.
Aber gerade das Gegenteil lehrt die Erfahrung. Nie fühlen sich sonst schwächliche Menschen kräftiger, als nach solch einem Kampfe mit der tobenden See.

Carl Koch, deutscher Maler und Reiseschriftsteller in seinem Buch Das Seebad Koserow auf Usedom (1867)

Schon der berühmte griechische Arzt Hippokrates erkannte vor zweieinhalbtausend Jahren: „Wer die Schätze des Meeres erschließt und zu nutzen weiß, dem liefert es Nahrung und Wohlbefinden. Denn alles Leben stammt aus dem Meer, und wer sich ihm öffnet, findet Anregung und Entspannung."

Der französische Biologe René Quinton ging noch einen Schritt weiter. 1904 wies er auf viele Ähnlichkeiten zwischen Meerwasser und Blut hin und folgerte daraus: „Unser Organismus ist ein Meerwasser-Aquarium, in dem einige Milliarden Zellen baden." Quinton glaubte fest daran, viele Krankheiten mit Meerwasser bekämpfen zu können, und spritzte es seinen Patienten sogar.

Moderne Forscher können zwar nicht alles bestätigen, was Hippokrates und Quinton vermuteten, aber sie haben bewiesen, dass Meerwasser tatsächlich heilen kann. Je salziger ein Meer, desto größer ist beispielsweise seine Heilkraft bei Schuppenflechte und Neurodermitis. Beide Erkrankungen gehen nämlich auf eine überschießende Immunreaktion des Körpers gegen körpereigene Hautzellen zurück, und Magnesiumsalze im Meerwasser können solche Entzündungsreaktionen eindämmen.

Andere positive Effekte haben auch Natrium-, Kalium-, Strontium- und Selensalze, die im Meerwasser enthalten sind. Selen beispielsweise erhöht die Widerstandskräfte der Haut, und Strontium vermindert Juckreiz.

Eine heilende Wirkung hat Meerwasser Studien zufolge nicht nur bei Hauterkrankungen, sondern auch bei Rheuma und Asthma. Und Wissenschaftler vermuten in den Tiefen des Ozeans noch weitere Wirkstoffe. Dort leben nämlich Schwämme, Algen, Pilze und Mikroorganismen, die sich mit chemischen Waffen gegen ihre Feinde wehren. Einige davon kann man vermutlich auch als Antibiotika gegen Bakterien oder sogar als Medikamente gegen Krebs einsetzen. Aus Mikroalgen der Ostsee haben Forscher beispielsweise eine Handcreme entwickelt, die vor multiresistenten Krankenhauskeimen schützt. Das Meer birgt demnach vielleicht sogar unsere Apotheke der Zukunft.

Aber Achtung: Manche sagen ja, Meerwasser heile alle Wunden, und sie raten bei frischen Verletzungen zu einem Bad im Meer, obwohl Salz in Wunden brennt.

Das allein ist zwar wirklich nicht schädlich. Und vielleicht hätte Meerwasser auf offene Wunden auch wirklich einen ähnlichen Effekt wie bei Schuppenflechte oder Neurodermitis, wenn es keimfrei wäre. Leider ist es das aber nicht. Der Salzgehalt des Meeres reicht nicht einmal im Toten Meer aus, um alle Bakterien abzutöten. In Nord- und Ostsee, Atlantik und Mittelmeer leben deswegen unzählige Keime, darunter gefährliche Vibrionen. Und diese Bakterien können bei älteren oder durch lange Krankheit geschwächten Patienten sogar tödlich wirken, wenn sie in offene Wunden eindringen. Männer sind dabei gefährdeter als Frauen, denn das weibliche Hormon Östrogen schenkt einen gewissen Schutz.

Generell gilt: Je wärmer das Meer, desto größer die Gefahr von Keimen. Mit einer größeren Wunde, die noch ganz frisch ist, sollte man also lieber nicht im Meer baden. Und wer ein geschwächtes Immunsystem hat, sollte sogar vorm Bad im Meer seinen Arzt um Rat fragen, denn Bakterien können auch durch winzige Verletzungen eindringen.

Warum verschrumpeln Zehen im Meerwasser nicht?

Wenn man ein Gummibärchen in Wasser legt, quillt es auf. Wenn wir aber unsere Zehen oder Finger lange in Wasser tauchen, werden sie schrumpelig wie Rosinen. Außer, es handelt sich um Meerwasser, dann bleiben sie länger glatt.
Früher dachte man, das läge an der Hornschicht der Haut, die im Süßwasser aufweicht, sich ausdehnt und deswegen Falten schlägt. Aber dann stellten Wissenschaftler fest, dass dieser Schrumpel-Vorgang bei Menschen mit bestimmten Nervenverletzungen komplett ausbleibt. Und das wäre nicht der Fall, wenn das Verschrumpeln nur rein physikalische Ursachen hätte. Eindeutig mussten auch die Nerven an diesem Prozess beteiligt sein. Inzwischen wird vermutet, dass das Wasser durch winzige Schweißdrüsengänge in die Haut eindringt und dort Neuronenmembranen erreicht, was die Nerven zum Zusammenziehen von winzigen Blutgefäßen

animiert. Und diese Kontraktionen lassen die Haut dann schrumpeln. Das würde auch erklären, warum diese Reaktion im Meerwasser geringer ausfällt oder – im Toten Meer – sogar ganz ausbleibt. Salzwasser löst diese Reaktion nämlich je nach Salzgehalt weniger stark bis gar nicht aus.
Manche Wissenschaftler glauben, dass das Verschrumpeln von Händen und Füßen dem Homo sapiens in der Geschichte der Menschheit zu einem evolutionären Vorteil verholfen hat, weil runzlige Haut griffiger ist als glatte und man auf nassen Steinen nicht so leicht ausrutscht. In Studien konnte das aber nicht bewiesen werden.

Survivaltipps für Schwimmer

Baden im Meer ist gefährlich. Und das ist kein übervorsichtiges Unken. Jedes Jahr ertrinken rund 40000 Menschen im Meer. Häufigster Grund dafür sind sogenannte Brandungsrückströme, auch Rippströmungen genannt. Sie ziehen Schwimmer plötzlich unerwartet mit hoher Geschwindigkeit aufs offene Meer. Die Kraft des Wassers kann hier so groß sein, dass selbst Olympiaschwimmer dagegen machtlos wären. Gefährlich sind auch Unterströmungen, wie sie an der Nordsee vorkommen, wenn beispielsweise die Ebbe einsetzt. Sie können Schwimmer sogar unter Wasser ziehen.
Die meisten Badeunfälle sind aber vermeidbar, wenn man sich an ein paar Regeln hält. Natürlich sollte man zum einen

die üblichen Baderegeln beachten, die auch im Freibad und an Seen gelten: nicht mit vollem Magen, nicht alkoholisiert und nicht bei Gewitter baden, immer nur ins Wasser gehen, wenn man sich fit fühlt, vorher langsam abkühlen, nie ins Wasser springen, wenn der Untergrund nicht bekannt ist. Daneben gelten am Meer aber noch einige Sonderregeln.

1. Kinder niemals unbeaufsichtigt lassen, auch nicht in flachem Wasser und auch nicht, wenn sie schon sicher schwimmen können. Nie. Never. Nunca. Jamais. Asla. Kinder ertrinken oft leise und ohne Gegenwehr.

2. Luftmatratzen, Gummitiere und Schwimmringe sind gefährlich, Kinder können damit abtreiben.

3. Nie dort schwimmen, wo Schiffe unterwegs sind.

4. Nie bei roter Flagge ins Wasser gehen. Vorsicht bei gelber Flagge. Und selbst bei rot-gelber (bewachter Strand) oder grüner Flagge (eigentlich abgeschafft, weil sie falsche Sicherheit suggeriert) immer aufpassen, denn Strömungsverhältnisse können sich schnell ändern. Schwarz-weiße Flaggen bedeuten: Hier nur Wassersport!

5. Wenn jemand in Not ist, unbedingt Verstärkung holen. Nicht einfach selbst ins Wasser springen. Oft ertrinken Retter beim Versuch zu helfen.

6. Weit rausschwimmen ist schön, aber es ist auch dumm! Immer in Ufernähe bleiben und immer Boden unter den Füßen behalten.

7. Oberstes Gebot, wenn man in eine Strömung gerät: keine Panik und nicht dagegen ankämpfen. Man sollte niemals versuchen, direkt gegen eine Strömung anzuschwimmen. Stattdessen sollte man sich von der Strömung mitziehen lassen und dann probieren, ihr parallel zum Ufer seitlich zu entkommen. Strömungsgebiete sind oft nur schmal.

8. Früh genug um Hilfe rufen! Not ist keine Schande!

Warum brechen Wellen?

Mit großer Wucht rollen die Wellen heran, türmen sich höher und höher, brechen schließlich und treiben schäumende, weiße Gischt vor sich her. Wenn man sich beim Baden genau an dieser Stelle befindet, fühlt man sich, als würde man in Champagner schwimmen. Beach Break nennen Surfer diese Stellen, an denen Wellen sich an Sandstränden brechen.

Wellen brechen, weil sie unter Wasser auf Land treffen. Wenn sich nämlich das vom Wind in Bewegung gesetzte Wasser dem Strand nähert und der Meeresboden ansteigt, wird der untere Teil der Welle abgebremst. Die Wassermasse wird aber weiter gegen das Land gedrückt, die Welle wird höher, sie bäumt sich auf und büßt dabei nichts von ihrer Geschwindigkeit ein. Und irgendwann ist der Punkt erreicht, an dem der obere Teil den unteren quasi überholt. Wusch, die Welle bricht. Das geschieht genau an der Stelle, an der die Wassertiefe weniger als die halbe Wellenlänge beträgt. Oder im Klartext: Da, wo es flach genug ist. Hohe Wellen brechen

weiter draußen im Meer, sanfte Wellen erst kurz vorm Ufer. Und wenn weit draußen im Meer Brandung sichtbar ist, befindet sich dort eine Sandbank oder eine Klippe.
Wenn eine Welle den Strand erreicht hat, strömt sie zurück und nimmt mit Kraft alles mit, was im Wasser schwimmt. Das kann einen bei großen Wellen im wahrsten Sinne des Wortes umhauen. Die Größe einer Welle hängt übrigens sowohl von der Stärke des Windes als auch von den Ausmaßen der Wasserfläche ab, über die der Wind fegen kann. Deswegen sind Wellen auf Binnenseen kleiner als Meereswellen.

Liebe auch

Liebe auch lässt sich den Wellen vergleichen,
Sehnsucht wälzt ihre Wogen zum Ziele,
flüchtendes Nahen, nahendes Weichen,
heiligster Ernst und doch schönstes der Spiele.

Rainer Maria Rilke

Wellenreiter

Als der britische Seefahrer Captain James Cook 1778 Hawaii entdeckte, beobachtete er dort einen Einheimischen, der sich in einem winzigen Kanu vom Kamm einer gewaltigen Welle tragen ließ. „Ich kam nicht umhin, festzustellen, dass dieser Mann die höchste Freude fühlte, während er so schnell und so sanft von der See fortbewegt wurde“, hielt Cook in seinen Aufzeichnungen fest, höchst beeindruckt von der Begeisterung des ersten Surfers, den je ein Europäer erblickt hatte. Für die Menschen auf Hawaii war dieser Anblick aber schon damals Alltag. Wissenschaftler gehen davon aus, dass Wellenreiten in Polynesien schon mehrere tausend Jahre lang praktiziert wurde.

Im 19. Jahrhundert wollten christliche Missionare dem „Heidenspaß“ der Hawaiianer dann ein Ende bereiten. Dass sie damit keinen Erfolg hatten, zeigt ein Bericht von Mark Twain, der Hawaii 1866 besuchte: „Beim Paddeln stießen wir auf eine große Gruppe nackter Eingeborener beiderlei Geschlechts und aller Altersstufen, die sich mit dem Nationalsport des Wellenreitens vergnügten. Der Eingeborene paddelt dabei drei- bis vierhundert Meter hinaus aufs Meer (unter Mitnahme eines kurzen Bretts), wendet sich dann dem Ufer zu und wartet, bis eine besonders riesige Woge kommt, schwingt sein Brett im richtigen Augenblick auf die Schaumkrone und sich selbst auf das Brett und zischt dann wie eine Granate vorbei. In der Folge habe ich selber einmal versucht, eine Welle zu reiten, aber gelungen ist es mir nicht. Ich setzte das Brett richtig an und auch im richtigen Moment, verpasste aber selber den Anschluss. In einer dreiviertel Sekunde schlug das Brett an Land, doch ohne jede Fracht, und in ungefähr derselben Zeit schlug ich auf Grund, aber mit ein paar Fässern Wasser in mir drin.“

Nach diesem Selbstversuch kam Twain zu dem Schluss, nur die Einheimischen seien in der Lage, das Wellenreiten auszuüben.

Dass dem nicht so ist, beweisen heute Wellenreiter in aller Welt.

Mittlerweile gibt es viele neue Methoden, auf Brettern über die Wellen zu gleiten:

Windsurfen: Antriebskraft ist der Wind, der sich in einem Segel fängt.

Wellenreiten: Die Sportler nutzen ohne Segel die Dynamik der Wellen in Strandnähe.

Stand Up Paddling: Zur Fortbewegung wird ein Paddel benutzt.

Bodyboarden: Man liegt oder sitzt auf dem Board.

Kite Surfen: Der Surfer nutzt kein Segel, sondern einen großen Winddrachen zur Fortbewegung.

Wakesurfen/Wakeboarden: Beides ist eine Mischung aus Wasserski und Wellenreiten. Beim Wakesurfen erzeugt das Boot eine Welle, auf der der Surfer reitet. Kontakt zum Boot über ein Seil besteht nur zu Beginn. Beim Wakeboarden wird man die ganze Zeit gezogen.

Wellenkompositionen – die Meeresorgel

Die Meeresorgel in der kroatischen Hafenstadt Zadar verwandelt Wind und Wellen in Musik. Sie befindet sich ganz in der Nähe der Anlegestelle für Kreuzfahrtschiffe und sieht aus wie eine breite Treppe, die mit flachen Stufen zum Meer führt. Aber wer genauer hinsieht, entdeckt überall im Beton Öffnungen, und durch sie dringen ungewohnte Töne. Unter dem Kai sind nämlich fünfunddreißig Klangröhren verlegt, die längste ist siebzig Meter lang. Sie liegen schräg im Boden, und ihr oberes Ende mündet in eine Orgelpfeife. Das mit den Wellen einströmende Wasser presst die Luft aus den Öffnungen in den Rohren und erzeugt so Töne, die an Walgesänge erinnern, an das Tuten eines Dampfers, an sphärische Klänge. Sieben Akkorde mit jeweils fünf Tönen erklingen in einem Wechsel, den das Meer komponiert. Bei Wind kann man sie drei Kilometer weit hören.

Erbauer der „Morske orgulje“, wie die Meeresorgel auf Kroatisch heißt, ist der Architekt Nikola Bašić, der auch das benachbarte Kunstwerk „Gruß an die Sonne“ konzipierte. Diese Installation besteht aus großflächigen Solarpanels, die tagsüber Sonnenlicht speichern und es in der Dunkelheit in eine buntschimmernde Lichtshow verwandeln, die die Meeresmusik illuminiert.

Den Anwohnern geht die Meeresorgel manchmal auf die Nerven, aber Touristen lieben sie.

Brandungsbegegnungen

Transparente Wunderwesen – Quallen

Wenn Quallen durchs Wasser schweben, wirken sie wie Wunderwesen aus einer anderen Welt. Sie sind transparent und schillern in vielen Farben. Manche leuchten sogar im Dunkeln. Still gleiten sie mit der Strömung durchs Meer, und ihre langen Fäden folgen anmutig den Wellen.

Obwohl uns diese Tiere äußerlich glasklar erscheinen, ist ihre Lebensweise Biologen nach wie vor ein Rätsel. Das liegt nicht zuletzt daran, dass man sie in Aquarien nur sehr schwer halten kann. Quallen durchlaufen nämlich im Laufe ihres Lebens zwei komplizierte Fortpflanzungszyklen und sind dabei sehr empfindlich. Salzgehalt, Wasserströmung, Temperatur, alles muss stimmen, damit sie sich in einer künstlichen Umgebung wohlfühlen. Die transparenten Meeresbewohner sind also ganz schön anspruchsvoll, und das, obwohl sie nicht einmal ein Gehirn besitzen.

Wenn wir von Quallen sprechen, dann meinen wir damit normalerweise die transparenten, schwimmenden Glocken, die später am Strand aussehen wie Wackelpudding. Tatsächlich handelt es sich bei diesen gallertigen Wesen allerdings nur um eine von zwei Erscheinungsformen der Qualle. Wissenschaftler nennen diese Tiere Medusen, sie bestehen im Wesentlichen aus Fortpflanzungsorganen, einem großen Magen und Tentakeln, mit denen Nahrung beschafft werden kann. Manche haben auch Augen.

Meist am Meeresboden und deswegen für uns unsichtbar lebt ein zweites Quallenstadium: winzige, für immer an Steinen und Felsen festsitzende Lebewesen, die sogenannten Polypen.

Quallen wechseln nämlich im Laufe ihres Lebenszyklus von geschlechtlicher zu ungeschlechtlicher Fortpflanzung. Die durchsichtigen Medusen vermehren sich wie fast alle Tiere mit Hilfe von Keimdrüsen, also geschlechtlich. Sie geben Eizellen und Samen ins Wasser ab, und daraus entsteht ihr Nachwuchs. Das aber sind in diesem Fall keine Mini-Quallen, die zu Ebenbildern ihrer Eltern heranwachsen, sondern winzige Polypenlarven, die sich am Meeresboden festsetzen und dort für immer bleiben. Sie wachsen zu größeren Polypen heran, an denen man nach einiger Zeit Einschnürungen erkennt. Optisch erinnern diese Gebilde ein bisschen an winzige Tellerstapel. Nach und nach lösen sich dann einzelne „Teller" ab und entschweben als Mini-Medusen in die Weiten des Meeres, wo sie zu geschlechtsreifen Quallenglocken heranwachsen, die dann wiederum Eizellen und Samen ins Wasser abgeben. Und so weiter und so fort.
Medusen werden nur wenige Monate alt, Polypen aber überleben mehrere Jahre und produzieren so lange weitere Klone der immer gleichen Qualle.

Quallen sind zwar hirnlos, aber nicht immer harmlos. Darauf weist schon der Name „Meduse“ hin. Die Göttertochter Medusa war in der griechischen Mythologie zunächst eine wahre Schönheit. Als die Göttin Athene sie allerdings beim Liebesspiel mit Poseidon erwischte, verwandelte sie die Schöne in ein Ungeheuer mit Schlangenhaaren, bei dessen Anblick alle Betrachter zu Stein erstarrten. Weil Quallen unter ihrer Gallertglocke haarähnliche Tentakel haben und weil sie ihren Gegnern durchaus gefährlich werden können, hat man ihnen den Namen dieser Sagengestalt gegeben.

Es ist allerdings nicht der Anblick, der ihre Opfer verletzt oder gar tötet, sondern die Berührung der Tentakel. Diese Gallertfäden sind nämlich mit Nesselzellen ausgestattet. Bei jeder zufälligen Berührung schießen aus ihnen mit großer Wucht Fäden hervor, die mit einem Dorn ausgestattet sind, der sogar harte Krebspanzer durchschlagen kann. Er durchbohrt die Haut des Opfers, Quallengift durchdringt die Wunde und entfaltet dort seine Wirkung.

Die giftigste Qualle der Welt ist die Seewespe, sie kann einen Menschen in wenigen Minuten töten. Sie kommt in Australien, Japan und auf den Philippinen vor. Starke Schmerzen verursacht auch die Portugiesische Galeere, die ebenfalls im Pazifik lebt, gelegentlich aber auch im Mittelmeer vorkommt, und bis zu fünfzig Meter lange Tentakel haben kann. Dort gibt es auch wunderschöne Leuchtquallen, die Urlauber als „Malle-Qualle“ kennen und fürchten. Tödlich sind sie für Menschen nicht, aber durchaus schmerzhaft, genau wie Haarquallen, die es sogar an den Stränden von Atlantik, Nord- und Ostsee gibt. Gelbe und orangefarbene Haarquallen nennt man umgangssprachlich Feuerquallen, es gibt aber auch blaue oder farblose Exemplare. Und dann sind da noch die Kompassquallen, die man an den kompassähnlichen Streifen ihres Schirms erkennt. Kontakt mit all diesen Quallenarten führt zu brennenden Hautveränderungen, teilweise mit Narbenbildung. Bei empfindlichen Menschen kann die Berührung der Tentakel sogar allergische Reaktionen und Kreislaufprobleme hervorrufen.

Quallen auch am Strand nicht anfassen! Selbst tote Exemplare können noch nesseln. Gefahrlos untersuchen kann man Ohrenquallen, man erkennt sie an den vier „Kringeln“ im Schirm.

Bei schmerzhaftem Quallenkontakt – ruhig bleiben und sofort das Wasser verlassen. Betroffene Stelle nicht mit den Händen abreiben und nicht mit Süßwasser abspülen, sonst platzen die restlichen Nesselzellen auch noch auf. Unbedingt zum Abspülen Salzwasser verwenden! Anschließend Sand auftragen, trocknen lassen, dann die Masse mit einem stumpfkantigem Gegenstand (Messerrücken, Kreditkarte) abschaben, um alle Kapseln zu entfernen.

Schmerzende Hautstelle kühlen. Ausnahme: Bei der portugiesischen Galeere kann heißes Wasser (45 Grad), das Gift zerstören.

Anschließend Kreislauf nicht unnötig durch Bewegung oder Duschen in Gang bringen, eventuell ein Antihistaminikum auftragen oder einnehmen.

Essigkompressen wirken schmerzlindernd.

Bei starken Schmerzen oder Kreislaufproblemen sofort zum Arzt gehen!

Petermännchen und Viperqueise

Quallen sind nicht die einzigen Tiere, die einen Strandtag im wahrsten Sinne des Wortes vergiften können. Im Sand vergraben lauert in vielen Meeren, zum Beispiel auch an Nord- und Ostsee, am Atlantik und im Mittelmehr, ein Fisch namens Petermännchen auf Beute. Nur seine Augen sind sichtbar. Der Name klingt niedlich, aber der schmollend aussehende Stachelfisch ist es nicht, er gehört zu den gefährlichsten Gifttieren Europas. Tödlich ist weder das Petermännchen noch sein kleiner Verwandter, die Viperqueise. Aber wer aus Versehen im Sand oder Schlick auf einen dieser beiden Fische tritt, fühlt heftigste Schmerzen. Rötungen, Schwellungen und Bläschen sind die Folge. Manchmal kommt es auch zu allergischen Reaktionen bis hin zum Kreislaufkollaps.

Was tun? Das Gift von Petermännchen und Viperqueise ist hitzeempfindlich, deswegen gilt: Stacheln schnell entfernen, Wunden desinfizieren, dann die Einstichstellen sofort erhitzen, zum Beispiel mit einem Fön, mit der Glut einer Zigarette, die nah an den Fuß gehalten wird, oder mit heißem Wasser (45 Grad). Danach die Haut mit Eis kühlen, um Verbrennungen vorzubeugen. Anschließend wiederholt man diese Prozedur, bis der Fuß schmerzfrei ist. Bei Kreislaufproblemen sollte man schnell zum Arzt gehen.

Keine Panik, zum Glück sind diese Tiere selten!

Haie sind Meeresbewohner mit extrem schlechtem Ruf. In Schlagzeilen werden sie gern Killerhaie, Monsterhaie oder Horrorhaie genannt.

Wenn aber Haie Schlagzeilen schreiben könnten, wäre dort garantiert von Killermenschen, Monstermenschen oder Horrormenschen die Rede. Denn weltweit kommen viel mehr Haie durch Menschen ums Leben als umgekehrt. In den vergangenen zehn Jahren zum Beispiel starben jährlich rund sechs Menschen bei einer Haiattacke. Gleichzeit fielen jedes Jahr mindestens hundert Millionen Haie (!) Menschenattacken zum Opfer.

Die weit verbreitete Angst vor Haien hat selten eine reale Grundlage. Vermutlich ist sie vor allem durch Filme wie Spielbergs *Der weiße Hai* entstanden. Und so ist es kein Wunder, dass der Weiße Hai besonders gefürchtet ist.

Man vermutet ihn vor allem an tropischen Stränden. Was viele aber nicht wissen: Diesen Vertreter der Knorpelfische gibt es fast in jedem Meer. Selbst in der Nordsee wurden schon einzelne Exemplare gesichtet, und im Mittelmeer tauchen sie auch immer öfter auf. Nur in der Ostsee wurden sie noch nicht beobachtet. Aber auch hier leben um die dreißig Haiarten, zum Beispiel – genau wie in Nordsee und Mittelmeer - Blauhaie, die Menschen ebenfalls gefährlich werden können. Weil sie in unseren Breitengarden aber nur in tiefem Wasser vorkommen, treffen sie fast nie auf Menschen.

In Nordsee, Ostsee und Mittelmeer kann man auch durchaus einen der bis zu zehn Meter langen Riesenhaie treffen. Dabei könnte man aber allenfalls vor Schreck sterben, denn diese Meeresriesen ernähren sich von winzigem Plankton.

Haie gibt es also auch in heimischen Meeren, und dank der Klimaerwärmung werden es immer mehr. Rund um Mallorca beispielsweise wurden vermehrt tropische Tigerhaie gesichtet. Zu Panik gibt es aber wirklich keinen Grund. In den vergangenen 150 Jahren starben in Europa 18 Menschen bei einem Haiangriff, der letzte 1989 in Italien.

Die Chance, einen Hai zu sehen, ist in unseren Breiten ein seltenes Glück. Eher findet man am Strand die Überreste von Katzenhaieiern. Das sind hornartige, gelbbraune Kapseln von etwa sechs Zentimetern Länge, die auch Seemäuse genannt werden.

Sollte man sich trotzdem je von einem Hai bedroht fühlen, raten Experten dazu, ruhig zu bleiben. Bloß keine hektischen Bewegungen! Stattdessen sollte man mit dem Tier Blickkontakt halten. Es weiß dann, dass es gesehen wird und auf gar keinen Fall unbemerkt angreifen kann. Vielleicht dreht es ab. Man sollte außerdem möglichst aufrecht im Wasser stehen, um den Hai nicht an ein Beutetier wie etwa eine Robbe zu erinnern. Und man darf das Tier auf gar keinen Fall berühren. In Büchern wird manchmal geraten, einem herannahenden Hai auf die Nase zu schlagen. Das sollte man aber nur versuchen, wenn der Hai tatsächlich angreift. Die meisten Haie tun nämlich gar nichts, die wollen tatsächlich nur spielen.

Wenn sie jemanden umkreisen und anstupsen, ist das oft reine Neugier. Nach einem Schlag auf die Nase ist aber garantiert Schluss mit lustig.

Fünf Dinge die gefährlicher als Haie sind

Schlafen
2010 starben in den USA 1045 Menschen im Schlaf

Essen
Allein in Deutschland starben 2013 453 Menschen, weil sie sich beim Essen verschluckten.

Treppen
1172 Menschen kamen 2013 in Deutschland bei einem Sturz auf einer Treppe ums Leben, darunter nur ein Kleinkind.

Büroarbeit
Angeblich ersticken jedes Jahr schätzungsweise 100 bis 300 Menschen an den Kleinteilen eines Kugelschreibers, auf dem sie aus Langeweile gekaut haben.

Weihnachten
Brennende Kerzen, Adventskränze und Weihnachtsbäume verursachen bei uns jährlich rund 12000 Brände.

Algen und Seetang

Zu den Algen zählen nicht nur die schwimmenden Wasserpflanzen, die als Seetang in Büscheln am Strand angetrieben werden, sondern auch mikroskopisch kleine, einzellige Formen, die Bestandteile des Planktons sind. Überall auf der Welt, wo auch nur geringste Mengen von Wasser vorhanden sind, können solche Mikroalgen existieren, und im Meer finden sie so gute Lebensbedingungen, dass sich hier rund zehntausend verschiedene Arten ansiedeln konnten.

Strandbesucher sind froh, wenn sie im Meerwasser nicht auf Algen und Seetang treffen, denn Schwimmen in diesem „Unkraut des Meeres“ macht keinen Spaß. Aber für unseren Planeten sind Algen unverzichtbar. Und das aus vielen Gründen: Im globalen Klimahaushalt spielen Algen seit Urzeiten eine überaus wichtige Rolle. Jedes zweite Sauerstoffmolekül in unserer Atmosphäre wurde von Algen gebildet. Und bei diesem Prozess binden die Urzeitpflanzen auch noch riesige Mengen des schädlichen Gases Kohlendioxid.

Anders als beispielsweise Wälder, die das ebenfalls tun, sind Algen außerdem extrem unempfindlich. Sie können sowohl in Wüsten als auch im ewigen Eis der Polarmeere überleben. Wissenschaftler vermuten, dass einige besonders widerstandsfähige Algen sogar auf dem Mars angesiedelt werden könnten.

Das Erfolgsgeheimnis aller Algen ist ihr einfacher Aufbau. Egal, ob als winzige Mikroalge im Plankton oder als schlingpflanzenähnliches Gebilde, das am Meeresgrund in Tangwäldern wächst: Was zum Überleben nicht unbedingt nötig ist, haben sie nicht. Während die meisten Pflanzen aus Wurzeln, einem Stängel oder Stamm, Rinde und Blättern bestehen, besitzen selbst große Algen nur einen einheitlichen, weitverzweigten „Thallus", also eine einzige Gewebeart aus vielen identischen Zellen. Sie brauchen nämlich kein System, das Wasser aus der Erde in ihre Blätter leitet, sie sind überall von Wasser umgeben und können über ihre gesamte Oberfläche Nährstoffe aufnehmen.

Das scheinbare Unkraut der Weltmeere hat neben seiner Klimaleistung und seiner Anpassungsfähigkeit noch weitere gute Eigenschaften: Algen sind eiweißhaltiger als Fleisch oder Soja und könnten einen großen Beitrag zur Ernährung der Weltbevölkerung liefern. Man kann sie auch als Dünger oder Tierfutter verwenden und sogar Treibstoff aus ihnen herstellen. Wissenschaftler tüfteln derzeit sogar an einer Lampe, die mit Hilfe fluoreszierender Algen gleichzeitig Helligkeit verbreiten und Kohlendioxid abbauen kann.

Und vielleicht bieten Algen sogar die Lösung für eins der derzeit größten Probleme der Menschheit, den Klimawandel.

Das Meer bedeckt mehr als zwei Drittel der Erde, speichert Wasser und Wärme und reguliert damit unser Klima. Aber vor allem bindet es riesige Mengen von Kohlendioxid, die sonst die Atmosphäre aufheizen würden. Doch diese Speicherkapazität hat Grenzen, und die sind mittlerweile erreicht. Deswegen wird es weltweit wärmer, und auch die Temperatur der

Meere steigt. Damit beginnt ein Teufelskreislauf, denn ein wärmeres Meer kann weniger Kohlendioxid binden als zuvor. Also bleibt mehr davon in der Atmosphäre, und es wird noch wärmer auf unserer Erde.

Weltweit forschen Wissenschaftler und Ingenieure derzeit an neuen Methoden, um diesen Kreislauf zu unterbrechen, und einige setzen dabei auf Algen. Wenn es gelingt, durch gezielte Düngung der Meere genau die Algensorten zu vermehren, die Kohlendioxid binden, könnte die Speicherkapazität der Meere erhöht werden. Und wenn diese Algen dann auch wirklich keine negativen Auswirkungen auf andere Meeresbewohner haben, sondern auf den Meeresboden sinken und dort eine unschädliche Kohlenstoffsenke bilden, könnte die Menschheit im wahrsten Sinne des Wortes aufatmen. Diese Forschung steckt zwar noch in ihren Anfängen, aber erste Ergebnisse gaben schon Anlass zu weiteren Studien.

Wo so viel Licht ist, ist natürlich auch Schatten: Bei günstigen Bedingungen können Algen sich extrem schnell vermehren. Bei zu hohem Aufkommen können sie dann das Wasser vergiften. Am Ufer verrottende Algen setzen außerdem Schwefelwasserstoff frei, der in hohen Konzentrationen sogar tödlich sein kann. Und für viele Ökosysteme unter Wasser können Algen zur Bedrohung werden, weil sie alles überwuchern.

Ein extremes Beispiel dafür ist Caulerpa Taxifolia, die sogenannte Killeralge. Sie heißt nicht so, weil sie giftig ist, sondern weil sie sich so stark ausbreitet, dass sie andere Arten verdrängt. Ihr Aufbau ist nämlich selbst für eine Alge extrem einfach: Obwohl sie mehrere Meter lang und stark verzweigt sein kann, besteht sie nur aus einer einzigen, riesigen Zelle mit vielen Zellkernen. Und das bringt ihr einen entscheidenden Vorteil: Aus jedem winzigen Teilchen können neue Pflanzen entstehen. Ursprünglich lebte Caulerpa im Pazifik. Aber dank dieser speziellen Eigenschaft wandert sie mit Schiffsankern die Seerouten entlang und erobert ständig neue Gebiete.

Dass sie inzwischen sogar im Mittelmeer zum Problem wurde, liegt aber nicht an der Schifffahrt. Verursacher dieser Umweltkatastrophe waren Wissenschaftler.

Der gigantische, grüne Algenrasen, der inzwischen von Spanien bis in die Türkei den Meeresgrund bedeckt, besteht nämlich aus Abkömmlingen einer einzigen Alge. Und die stammt Gentests zufolge aus dem Stuttgarter Zoo Wilhelma. Dafür können die Mitarbeiter der Wilhelma aber nichts. Sie haben die Alge nur in Aquarien eingesetzt, um den Pflegeaufwand zu verringern. Wo sie wächst, gedeiht ja nichts anderes. Das hat auch funktioniert, und deswegen haben die Stuttgarter ein paar Algen an das Aquarium des Ozeanographischen Institutes von Monaco weitergegeben. Wann und wie die Alge von dort ins Meer gelangte, ist unklar. Zufall? Absicht? Niemand weiß es. Fest steht nur, dass es ausgerechnet ein mutiertes Exemplar war, das mit den kühleren Temperaturen im Mittelmeer zurechtkam. Und alle Versuche, die Alge wieder in den Griff zu bekommen, scheiterten. Sie breitete sich immer weiter aus. Seit 2004 gibt es aber einen Hoffnungsschimmer: Der Algenteppich im Mittelmeer schrumpft aus ungeklärten Gründen. Inzwischen ist er an einigen Stellen sogar ganz verschwunden.

Algen sind also Meerespflanzen, die große Hoffnungen wecken, aber auch echte Gefahren bergen.

Übrigens: Immer wieder sorgen giftige Blaualgenteppiche im Meer für Schlagzeilen. Blaualgen sind allerdings weder Algen noch blau. Tatsächlich handelt es sich hier um Bakterien, die überdüngtes Meerwasser bei hohen Temperaturen in eine schleimige, giftgrüne Brühe verwandeln.

Möwen – Raben der Meere

Möwen, die übers Wasser segeln oder auf Wellen schaukeln und dabei ab und zu ihre charakteristischen Schreie ausstoßen – zum Meer gehören sie einfach dazu. Möwen gibt es nämlich an allen Meeren, weltweit existieren rund 55 verschiedene Arten. Hier ein paar Fakten über die „Raben der Meere“:

Welche Möwe man vor sich hat, können selbst Fachleute oft nicht auf den ersten Blick bestimmen. Jungvögel tragen nämlich meistens ein anderes Federkleid als Altvögel, und viele Möwen sehen im sommerlichen Brutkleid anders aus als mit winterlichem Ruhegefieder. Schon beim Schlüpfen tragen Möwenküken ein vollständiges Daunenkleid. Es ist hell mit braunen Sprenkeln.

Viele Möwenpaare bleiben ein Leben lang zusammen.

Möwen brüten am Boden, auf Felseninseln im Meer oder in den Dünen. Wenn sie dort oft gestört werden, suchen sie sich aber auch Nistplätze auf Dächern. Da Möwen gern an Orten brüten, die denen ähneln, an denen sie selbst geschlüpft sind, nimmt das Dachbrüten bei Möwen zu – sehr zum Leidwesen von Hausbesitzern. Diese beklagen nicht nur den Kot, sondern auch die aggressive Brutverteidigung der Möwen. Angriffsflüge sind keine Seltenheit.

Früher galten Möweneier als Delikatessen. Heute darf man sie nicht mehr essen, weil sie zu stark mit Quecksilber und Pestiziden belastet sind.

Wer auf Sylt Möwen füttert, riskiert eine Strafe von tausend Euro. Und in Warnemünde kann das Möwenfüttern bis zu fünftausend Euro kosten. Der Grund: Möwen werden immer mehr zu Problemvögeln. Sie entreißen Passanten Fischbrötchen und Eiswaffeln oder räumen Terrassentische ab. Und dabei haben sie überhaupt kein Unrechtsbewusstsein, denn das Klauen von Nahrung entspricht ihrer Lebensweise – auf hoher See schnappen sie anderen Wasservögeln das Futter weg. Kleptoparasitismus nennen Biologen diese Methode. Also lieber keine Möwen füttern, selbst wenn es nicht verboten ist! Sie können das Klauen einfach nicht lassen, wenn sie mal gemerkt haben, wie gut Menschenfutter schmeckt.

Möwen können Meerwasser trinken. Sie scheiden das Salz über Drüsen am Schnabel wieder aus.

Möwen können auf dem Wasser schlafen. Beliebte Schlafplätze sind Häfen, Flüsse oder einfach das offene Meer. Bei Sturm versammeln sie sich auch nachts am Strand. Sie schlafen bevorzugt in Gruppen.

Eine Möwe hat eine durchschnittliche Lebenserwartung von 15 Jahren, doch einige Arten können bis zu 30 Jahre alt werden.

Der Tierforscher Alfred Brehm bezeichnete die Möwen einst als „Raben der Meere", weil sie genauso intelligente Flugkünstler sind wie ihre schwarzen Verwandten an Land.

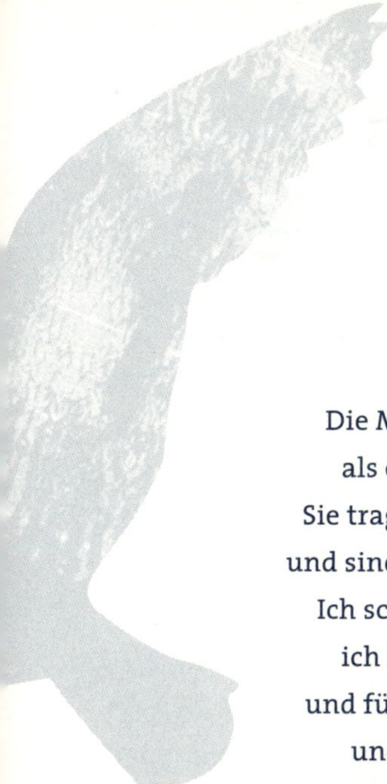

Möwenlied

Die Möwen sehen alle aus,
als ob sie Emma hießen.
Sie tragen einen weißen Flaus
und sind mit Schrot zu schießen.
Ich schieße keine Möwe tot,
ich lass sie lieber leben -
und füttre sie mit Roggenbrot
und rötlichen Zibeben.
O Mensch, du wirst nie nebenbei
der Möwe Flug erreichen.
Wofern du Emma heißest, sei
zufrieden, ihr zu gleichen.

Christian Morgenstern

Brandung aktiv

Steinehüpfen

Schon im alten Rom vertrieben sich Kinder am Strand die Zeit damit, Steine übers Wasser springen zu lassen. So schrieb der Jurist Marcus Minucius Felix im zweiten Jahrhundert nach Christus: „Dieses Spiel besteht darin, dass man ein abgerundetes, von den Wellen geglättetes Steinchen in Form einer Scherbe am Ufer aufliest, dieses Steinchen in horizontaler Lage mit den Fingern fasst, sich selbst so tief als möglich bückt und es dann über die Wellen hinrollen lässt. Dieses Wurfgeschoss streift nun den Rücken des Meeres, mit sanfter Gewalt darüber hingleitend, oder es schimmert über die höchsten Wogen dahinschnellend in fortlaufendem Sprung emporgehoben. Unter den Knaben hielt sich der für den Sieger, dessen Steinchen am weitesten hinauslief und am öftesten emporsprang."

Bis heute ist dieses Spiel beliebt, das je nach Region ditschen, pfitscheln, flitschen, flippen oder platteln genannt wird. Der Weltrekord liegt bei achtundachtzig Sprüngen des Steins, und um ihn zu erreichen, hat der Rekordhalter Kurt Steiner (der Mann heißt wirklich so!) mit mehr als zehntausend Steinen geübt. Der optimale Stein muss seiner Meinung nach nicht perfekt rund, aber ganz glatt sein. Er sollte etwa handtellergroß sein und eine Dicke von sieben bis neun Millimetern haben. Wissenschaftler haben berechnet, dass der optimale Winkel, in dem der Stein auf die Wasseroberfläche auftreffen sollte, bei zwanzig Grad liegt.

Und so geht's:

Man benötigt einen ruhigen, wellenarmen Strand oder eine wasserbedeckte Wattfläche – und zwar eine ohne Schwimmer und Spaziergänger! Je geringer die Abwurfhöhe, desto höher ist die Wahrscheinlichkeit, dass der Stein in einem flachen Winkel auf die Wasseroberfläche trifft. Man sollte daher beim Werfen in die Knie gehen und den Stein von unten her flach wegschleudern, ähnlich wie bei einem Golfschwung. Wichtig: Man muss ihn zwischen Daumen und Zeige- sowie Ringfinger halten, nur so erhält er im Flug eine Rotation, die ihn auf Kurs hält.

Bei jedem Kontakt mit dem Wasser wird der Stein gebremst, sodass seine Sprünge im Meer immer kürzer werden, bis er schließlich im Wasser versinkt. Deswegen ist es wichtig, ihn mit großer Wucht zu schleudern. Bei Flitsch-Wettbewerben, die es unter anderem in den USA, in Großbritannien und in Dänemark gibt, werden die Würfe gefilmt und anschließend ausgewertet.

Meersalz kann man ganz leicht selbst herstellen. An der Ostsee ist das wegen des geringen Salzgehalts wenig ergiebig, aber an der Nordsee und am Atlantik kann man schnell ein paar Esslöffel gewinnen. Auf Sonne und Wind sollte man sich dabei aber lieber nicht verlassen, denn die Verdunstung könnte länger dauern als der Urlaub.

Und so geht's:

- An einer sauberen Stelle, weit weg von Zuflüssen oder Häfen, einen Liter Meerwasser in eine Flasche füllen.
- Wasser durch ein Sieb geben, um Seetang und andere grobe Verunreinigungen zu entfernen. Anschließend das Wasser mehrfach durch Kaffeefilter gießen, um auch kleine Verunreinigungen zu entfernen.
- Wasser in einen Topf geben und ca. 30 Minuten ohne Deckel kochen.
- Achtung: Gegen Ende des Kochvorgangs sollte man dabeibleiben. Man muss den Topf nämlich kurz vor Ende des Verdunstungsvorgangs vom Herd nehmen. Bei den letzten Tropfen spritzt die hochkonzentrierte Salzlösung sonst aus dem Topf und knattert dabei wie Popcorn.
- Verbleibenden Salzbrei in eine flache Schale geben und an der Luft trocknen lassen.

Kann man selbstgewonnenes Meersalz zum Kochen verwenden?

Nach dem langen Kochen ist das Salz keimfrei. Schadstoffe wie zum Beispiel Schwermetalle oder Chemikalien, sofern im Wasser enthalten, werden durch die Hitze aber nicht zerstört. Das selbstgewonnene Salz ist also vermutlich nicht so rein wie gekauftes, das industriell aufbereitet wurde und ständigen Kontrollen unterliegt. Wenn man das Meersalz aber nur gelegentlich verzehrt, ist es vermutlich unbedenklich. Dauerhaft sollte man sein Salz besser nicht selbst herstellen.

Man kann aber aus dem selbstgewonnenen Salz mit wenig Aufwand ein natürliches Körperpeeling herstellen. Einfach einen Esslöffel Olivenöl und ein paar Spritzer Zitronensaft unterrühren. Auftragen, einmassieren, abspülen, fertig. Macht die Haut glatt, weich und fördert die Durchblutung. Und man fühlt sich fast wie nach einem Tag am Strand.

Den klassischen Malerhut aus Zeitungspapier kann fast jeder falten. Viele beherrschen auch noch fünf weitere Schritte und können aus dem Hut ein Schiff basteln. Aber es gibt noch viel einfachere Origamiboote, die auch Kinder ganz leicht falten können, und diese Schiffchen segeln sogar wirklich im Wind. Durch Pusten kann man mit ihnen spannende Wettrennen veranstalten.

Und so geht's:

1. Ein quadratisches Papier nehmen und das Blatt diagonal zu einem Dreieck falten

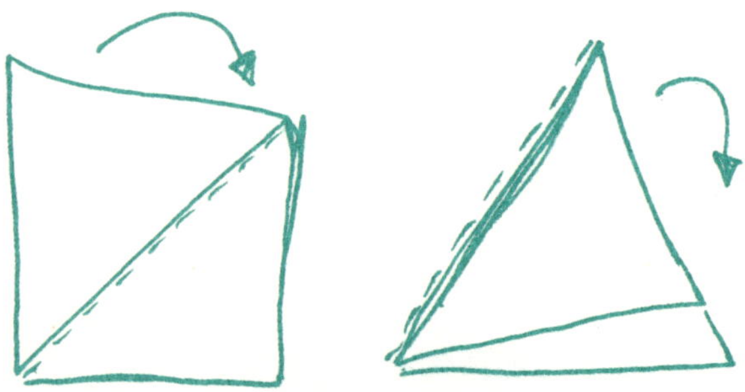

2. Bei einem Drittel der Diagonale Markierung anbringen und an Markierung hochfalten

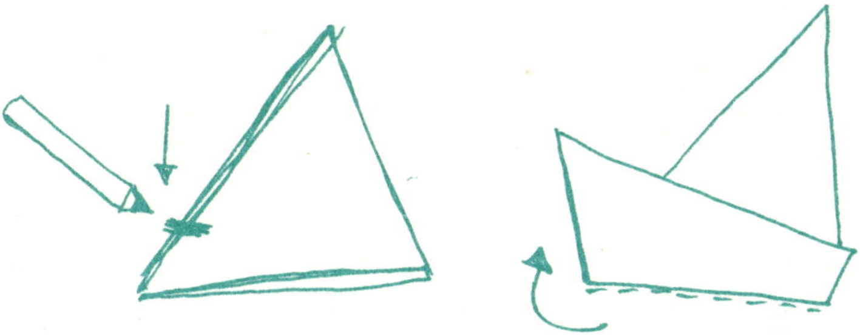

3. Alles wieder auffalten.

4. Jetzt wird's knifflig, aber wenn man es einmal geschafft hat, ist es klar: Der eine Knick ist ein „Berg“ und der andere ein „Tal“. Wir brauchen aber zwei „Täler“, das heißt, wir müssen den einen in die andere Richtungen knicken und dann in der Mitte aufrichten.

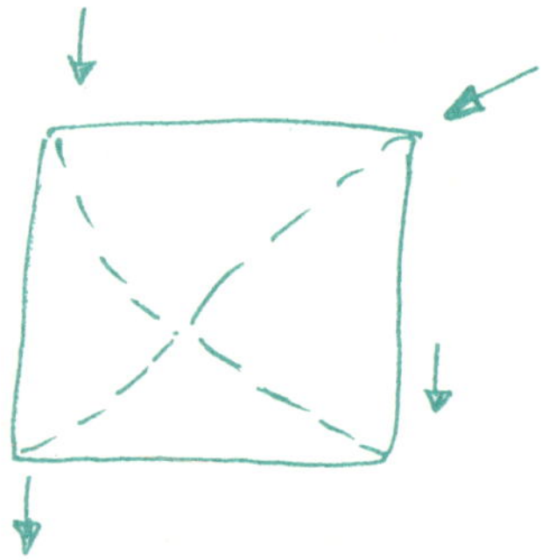

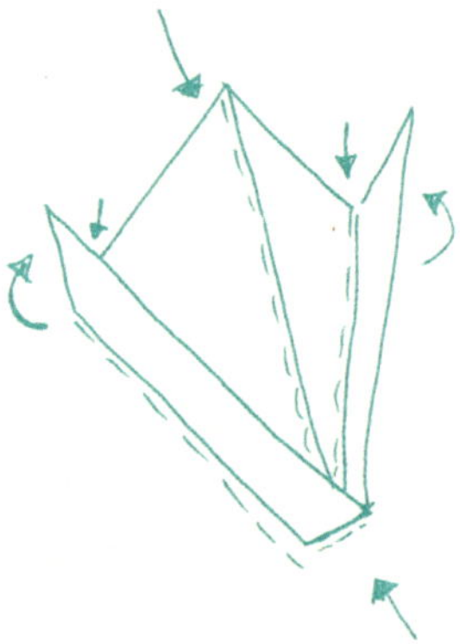

Von hinten pusten und los geht's! Das ist wirklich ein sehr einfaches Boot, aber die Schwimmeigenschaften sind super. Wer wasserfestes Papier verwendet, hat länger Spaß!

Und zum Schluss: Dinge, die man nicht getan hat

In 20 Jahren
wirst du mehr enttäuscht sein über Dinge,
die du nicht getan hast,
als über Dinge, die du getan hast.
Also löse die Knoten,
verlasse den sicheren Hafen.
Erfasse die Passatwinde mit deinen Segeln.
Erforsche.
Träume.

Mark Twain

Teil 3:

Auf hoher See

Weit draußen im Meer ist das Wasser so blau wie die Blätter
der schönsten Kornblume, und so klar wie das reinste Glas.
Aber es ist sehr tief, tiefer als irgendein Ankertau reicht;
Wer dem Meer vertraut, kennt es nicht.

Hans Christian Andersen

Die sieben Weltmeere

Einundsiebzig Prozent der Erdoberfläche sind von Meer bedeckt, und diese riesige Wasserfläche ist ein großer, zusammenhängender Ozean. Trotzdem ist oft von mehreren Weltmeeren die Rede, meistens von sieben.

Welche das sind, darüber gab und gibt es unterschiedliche Auffassungen. Für die Griechen und Römer in der Antike waren es diejenigen Meeresabschnitte, die ihre Länder umschlossen: das Ionische, Ligurische und Tyrrhenische Meer, die Adria und die Ägäis, das Schwarze und das Mittelländische Meer.

Seitdem wurden neue Kontinente entdeckt und neue Meeresbereiche durchsegelt, sodass heute sechs dieser sieben Meere der Antike zu einem einzigen geschrumpft sind, dem Europäischen Mittelmeer.

In der Aufzählung der Weltmeere kamen nun andere Namen vor. Heute ist manchmal von Nordatlantik, Südatlantik, Nordpazifik, Südpazifik, Indischem Ozean, Nord- und Südpolarmeer die Rede. Andere sprechen von drei Ozeanen – dem Atlantischen, dem Indischen und dem Pazifischen-, sowie von vier Mittelmeeren – dem Arktischen, dem Amerikanischen, dem Australasiatischen und dem Europäischen Mittelmeer.

Womit es in beiden Fällen wieder sieben wären.

Und das hat natürlich einen Grund: So wie Blau bei Befragungen immer als häufigste Lieblingsfarbe genannt wird, ist die Sieben die meistgewählte Lieblingszahl aller Menschen

weltweit. Wichtige Dinge kommen daher oft in siebenfacher Ausführung vor. Weltwunder. Wochentage. Todsünden. Oder auch Zwerge. Psychologen sprechen hier vom „Blue-Seven-Phänomen".
Warum das so ist, weiß niemand. Aber keine Zahl ist natürlich für die blauen Weltmeere passender als die sieben.

Insgesamt gilt für alle sieben Meere: Sie sind immer noch weniger erforscht als der Mond. Und vieles, was wir über sie zu wissen glauben, könnte auch falsch sein. So ging es unseren Vorfahren, und so geht es bestimmt auch uns.
Früher glaubten die Menschen, das Meer sei von Göttern, Ungeheuern und Nixen bewohnt. Das wissen wir heute besser. Aber dafür glauben wir an moderne Mythen von gefräßigen weißen Haien und vom alles verschlingenden Bermudadreieck. Und wer weiß schon, welche unserer vermeintlichen Wahrheiten noch ins Reich der Legenden gehören?
Wenn wir uns jetzt also thematisch auf die sieben Weltmeere begeben, lohnt es sich, nicht nur Wasser und Horizont zu betrachten, sondern auch in die Tiefe abzutauchen. Sowohl in die des Meeres, als auch in die Tiefen von Geschichte und Mythologie. Denn dabei erfahren wir nicht nur viel über das Meer, sondern auch über uns Menschen. Ängste, Sorgen, Verzweiflung, Hoffnungen, Wünsche und Glück, Abenteuer- und Entdeckerphantasien, Schöpfung und Zerstörung, Reichtum und Armut, all das finden wir in wahren und erfundenen Geschichten vom Meer.

e Sirene Wasserfrau Nymphe Nereide Wasserfee Wasserelfe

sermann Nöck Nix Kelpie Selkie Tiamat Yam Poseidon Neptun Rán

bautermann Leviathan Nixe Sirene Wasserfrau Nymphe Nereide

sserfee Wasserelfe Wassermann Nöck Nix Kelpie Selkie Tiamat Yam

seidon Neptun Rán Klabautermann Leviathan Nixe Sirene Wasserfrau

mphe Nereide Wasserfee Wasserelfe Wassermann Nöck Nix Kelpie

kie Tiamat Yam Poseidon Neptun Rán Klabautermann Leviathan Nixe

rene Wasserfrau Nymphe Nereide Wasserfee Wasserelfe Wassermann

öck Nix Kelpie Selkie Tiamat Yam Poseidon Neptun Rán Klabauter-

ann Nixe Sirene Wasserfrau Nymphe Nereide Wasserfee Wasserelfe

Vassermann Nöck Nix Kelpie Selkie Tiamat Yam Poseidon Neptun Rán

Klabautermann Leviathan Nixe Sirene Wasserfrau Nymphe Nereide

Vasserfee Wasserelfe Wassermann Nöck Nix Kelpie Selkie Tiamat Yam

Poseidon Neptun Rán Klabautermann Leviathan Nixe Sirene Wasserfrau

Nymphe Nereide Wasserfee Wasserelfe Wassermann Nöck Nix Kelpie

Selkie Tiamat Yam Poseidon Neptun Rán Klabautermann Leviathan

Meeresgottheiten

In den uralten Mythen aller Völker, die am Meer lebten, kommen geheimnisvolle Meeresgottheiten vor. Mal sind sie männlich, mal weiblich, mal haben sie einen Fischschwanz, mal Menschengestalt, mal sind sie zornig und bedrohlich, mal freundlich und mild. Hier eine Übersicht über die wichtigsten Meeresgottheiten:

Einer der ältesten Meeresgötter, deren Namen wir kennen, ist **Yam** oder auch **Yammu**. An ihn glaubten die Bewohner des kanaanäischen Stadtstaates Ugarit im heutigen Syrien, und zwar vor ungefähr viereinhalbtausend Jahren. Er hatte die Gestalt einer siebenköpfigen Schlange und war zuständig für das gesamte Meer. Gierig und machthungrig wie er war, strebte er nach der Weltherrschaft, scheiterte aber beim Versuch, sie zu erringen. So blieb ihm nur das Meer. Mit Stürmen und hohen Wellen lehnte er sich jedoch immer wieder dagegen auf.

Etwas später tauchte in Babylon, also im heutigen Irak, eine weibliche Meeresgöttin auf, **Tiamat**, eine gehörnte Wasserschlange, auch sie drachenähnlich. Sie war für das Salzwasser auf der Erde zuständig, und verheiratet mit Abzu, dem Gott, der über Süßwasser herrschte. Auch sie war furchteinflößend, gewaltig, und verkörperte das Chaos, wurde aber im Kampf erschlagen und gespalten. Aus ihren beiden Hälften entstanden Himmel und Erde, und aus ihren Tränen die Quellen von Euphrat und Tigris.

Einen Meeresgott in Menschengestalt beteten dann vor etwa 3000 Jahren die Griechen an, **Poseidon**, einen bärtigen Mann mit Dreizack, der gern in einem Streitwagen reiste, den pferdeähnliche Fabelwesen zogen, sogenannte Hippokampen.

Bei zahlreichen Seitensprüngen zeugte Poseidon Nachkommen in unterschiedlicher Gestalt. Das geflügelte Pferd Pegasus beispielsweise war sein Sohn, und auch der einäugige, menschenfressende Zyklop Polyphem. Zuständig war Poseidon für das Meer, aber auch für Erdbeben und Pferde. Er zeigte sich oft unbeständig, schlecht gelaunt und jähzornig. Häufig führte er Streit mit anderen Göttern, den er meist verlor.

Poseidons römisches Äquivalent **Neptun** wurde fast zeitgleich im römischen Reich angebetet. Auch er war ein bärtiger Mann mit Dreizack, anders als Poseidon aber ein meistens milde gestimmter Gott. Man rief ihn vor allen dann an, wenn man das Meer beruhigen wollte. Vor etwa 2300 Jahren wurde er dann in den meisten Eigenschaften an Poseidon angeglichen und galt danach ebenfalls als hitzköpfiger Wüterich.

In der Wikingerzeit war es wieder eine Frau, die das Meer beherrschte: **Rán**, eine Göttin in Menschengestalt.
Ihr Mann war der Meeresriese Ägir, ein Wassermann. Die beiden hatten neun Töchter, die Meereswellen.
Rán war zuständig für die stürmische See, für alles Leben im Meer sowie für das Totenreich am Grunde der Ozeane, in das Ertrunkene gelangten. Sie war mächtig, stark, räuberisch, und verkörperte die dunkle Seite des Meeres, während Ägir für die helle Seite stand. In ihrem goldfunkelnden Unterwasserreich aus Korallen war aber auch Rán eine überschwängliche Gastgeberin.

Wasserfrauen und Wassermänner

Eigentlich ist es kein Wunder, dass das Baden im Meer in früheren Zeiten nicht so beliebt war wie heute. Denn während wir uns inzwischen nur vor Quallen, Seeigeln oder auch mal Haien gruseln müssen, rechneten frühere Schwimmer mit viel Schlimmerem. In den Tiefen der Ozeane herrschten nach damaligem Glauben nicht nur Götter, dort wimmelte es geradezu von magischen Wesen. Manche waren Menschen freundlich gesinnt, andere aber waren ausgesprochen gefährlich. Und nicht mal wunderschönen, weiblichen Wesen mit Fischschwanz konnte man trauen, denn davon gab es mindestens fünf verschiedene Sorten. **Wasserfrauen** waren harmlos. Dabei handelte es sich um mütterliche Wesen, freundlich, heiter, gütig und hilfsbereit. Auch **Meerjungfrauen** taten niemandem etwas zuleide. Diese schönen, aber leider seelenlosen Meermädchen waren in der Regel unglücklich und konnten durch die Liebe eines Mannes erlöst werden. Das war dann allenfalls für dessen an Land zurückgebliebene Verlobte unangenehm.
Angst musste man selbst vor **Nymphen** nicht haben, hübschen, leicht bekleideten Mädchen, die durchaus auch mal Schiffbrüchige retteten.
Aber vor **Nixen** musste man sich hüten. Der Name kommt von dem lateinischen Wort „necare“, was „töten“ bedeutet. Und er war Programm, denn Nixen waren wunderschöne Wassermädchen, die gezielt Seemänner verführten, um sie in die Tiefe zu ziehen, wo sie dann ertranken.

Noch schlimmer waren die **Sirenen**. Wie sie genau aussahen, darüber sind sich die antiken Autoren nicht einig. Bei manchen haben sie Flügel, bei manchen einen Fischleib. Einigkeit bestand aber darüber, dass sie schön waren. Sie wohnten auf einer Insel, auf der sie saßen und bezaubernde Lieder sangen, umgeben von bleichen Menschenknochen und ausgetrockneten Häuten ihrer Anbeter. So steht es zumindest bei Homer. Ihr Gesang war so hin- und vor allem mitreißend, dass jeder, der ihn hörte, nur noch eins wollte: auf diese Insel gelangen, um ihnen zuzuhören. Aber das war gefährlich. Was genau dort mit dem Publikum passierte, weiß keiner, denn niemand kehrte von dort zurück. Nur einer überlebte das Konzert der Sirenen: Homers Held Odysseus. Er ließ sich an den Mast seines Schiffes binden und erst dann die Ohrenstöpsel enfernen, die seine übrige Mannschaft weiterhin vor dem Sirenengesang schützten. Auf diese Weise konnte er dem Gesang lauschen und überlebte ihn trotzdem. Dank ihm wissen wir zumindest, womit die Sirenen ihre Verehrer lockten. Es war gar nicht nur der liebliche Klang, und auch nicht die umwerfende Schönheit der Sirenen. Es war vielmehr ihr Wissen! Sie wussten nämlich alles, „was irgend geschieht auf der lebenschenkenden Erde“, so heißt es bei Homer. Davon sangen sie in ihren Liedern, und davon konnten ihre Zuhörer nicht genug bekommen. Es ist also möglich, dass die Männer den

Sirenen einfach so lange gebannt zuhörten, bis sie verdorrten. Mit seinem Seiltrick am Mast entdeckte Odysseus nicht nur das Geheimnis der Sirenen, er brach auch ihre Macht. Sie konnten nämlich nur weiterleben, solange ihnen ausnahmslos jeder Seemann folgte, der sie hörte. Und damit war es jetzt vorbei. Die Sirenen stürzten sich in die Fluten und wurden nie wieder gesehen.

Weibliche Wasserwesen gab es auch ohne Fischschwanz. Freundliche und ausgesprochen liebliche Wesen waren zum Beispiel schottische Selkies, eine Art Feen, die in Robbengestalt schlüpfen konnten.

Eine ähnliche Vielfalt in Aussehen und Charakter zeigten männliche Unterwasserbewohner. Es gab sie in Groß und in Klein, in Grün und in Schwarz, mal ohne Nase, mal mit Bart, mal mit Fischzähnen, mal mit Schuppen. Schön waren sie selten, aber das ist bei Männern ja angeblich nicht so wichtig. Dafür konnten einige durchaus singen. Der Nöck zum Beispiel, aber er war eher ein Süßwasserbewohner. Meistens wurde der Nöck als harmlos und manchmal sogar hilfreich beschrieben, allerdings verhielt er sich oft so wechselhaft wie das Wasser der Flüsse und Seen, die er bewohnte.

In manchen Geschichten raubte er aber auch junge Mädchen, und dort wurde er gelegentlich durchaus als hübscher junger Mann geschildert, der sogar an Land gehen konnte, um seine Opfer zu verführen. Sie konnten ihn nur an seinen Fischzähnen erkennen und manchmal daran, dass seine Kleidung tropfte.

In den Tiefen der Ozeane lebten meistens **Meermänner**, und deren Existenz wurde im 16. und 17. Jahrhundert sogar von Wissenschaftlern bezeugt. 1531 soll sogar einer in der Ostsee wirklich und wahrhaftig lebend gefangen worden sein. Dabei handelte es sich um einen sogenannten **Seebischof**, ein Männlein mit schuppiger Haut, gekleidet wie ein Bischof, also mit einem Umhang und einer Mitra. Er war angeblich harmlos, friedlich und freundlich. Weil er aber nichts essen wollte, sei er nach drei Tagen gestorben, berichteten Zeitzeugen. Gesprochen habe er nichts, heißt es, aber viel geseufzt.

Als Beweis für die Existenz solcher Seebischöfe dienten angeblichen Augenzeugen damals die getrockneten Kadaver von Mönchsrochen, die, wenn man sie richtig drapierte, tatsächlich wie kleine Männlein mit Mütze aussahen.

Männliche Wassergeister konnten auch oft die Gestalt von Pferden annehmen, so wie der keltische **Each Uisge** oder die **Kelpies**. Beides waren Wesen, denen man besser nicht begegnen sollte, denn sie fraßen Menschen.

Gespenstische Erscheinungen

Wenn von Meeresgeistern die Rede ist, müssen natürlich auch solche erwähnt werden, die nicht im Wasser, sondern auf Schiffen lebten. Seeleute glaubten früher fest an sie, aber heute weiß man, dass es für ihr angebliches Wirken natürliche Erklärungen gab. Da waren zum Beispiel die **Klabautermänner**. Unsichtbar trieben diese Kobolde viel Schabernack auf den Schiffen und erschreckten die Mannschaft durch Rumpeln und Poltern. Wenn aber Gefahr drohte, warnten sie die Crew, indem sie sogenannte **Elmsfeuer** aufleuchten ließen, blassblaue Flammen an den Masten der Schiffe.

Tatsächlich rumpeln und poltern alte Holzschiffe, da muss man nicht lange nach Erklärungen suchen. Und tatsächlich kann Gefahr drohen, wenn Elmsfeuer ein Schiff illuminieren. Aber um eine Botschaft des Klabautermanns handelt es sich dabei nicht. Die Flammen entstehen als Vorboten von Gewittern durch die elektrische Aufladung der Luft. Sie treten an hohen, spitzen Gegenständen auf, und das nicht nur auf dem Meer. Man kann sie zum Beispiel auch auf hohen Bergen an Gipfelkreuzen sehen.

Als schlechtes Omen für Schiffe und ihre Besatzungen galt früher auch eine Begegnung mit dem **Fliegenden Holländer**. Der Sage nach muss dieser holländische Geisterkapitän mit seinem Schiff bis zum jüngsten Tag über die Meere segeln, solange ihn nicht die Liebe einer Frau erlöst.

Wenn eine Schiffsbesatzung ihn dabei sah – und das geschah

Berichten zufolge oft –, kündigte dies eine große Gefahr an. Der Anblick soll schrecklich gewesen sein, ein schwebendes schwarzes Schiff mit blutigen Segeln und unzähligen Leichen an Deck. Aber auch hierfür gibt es eine mögliche Erklärung. Es gibt **Luftspiegelungen** auf dem Meer, die ähnlich wie eine Fata Morgana verzerrte Bilder von Schiffen zeigen, die in Wahrheit weit entfernt sind.

Ein anderes Geisterschiff, die **Lady Lovibond**, segelt angeblich noch immer rund um die **Goodwin Sands**. Das ist eine Kette von Sandbänken in der Mündung der Straße von Dover im Südosten Großbritanniens. Wer das Schiff sieht, hört stets auch Musik und Stimmengewirr, an Bord ist nämlich eine Hochzeitsgesellschaft. Der Kapitän der Lady Lovibond wollte am Freitag, den 13. Februar 1748, seine Hochzeit an Bord feiern. Aber Frauen an Bord, das bringt Unglück. Und dann auch noch an einem Freitag, dem 13., das konnte natürlich nicht gut gehen. Der Steuermann des Schiffs verliebte sich ebenfalls in die Braut, und er steuerte das Schiff absichtlich auf die Sandbänke.

Die Lovibond sank, alle starben. Seitdem taucht sie aber regelmäßig alle fünfzig Jahre wieder auf. Zuletzt wurde sie 1948 gesichtet. Wo sie wohl 1998 abgeblieben ist? Das weiß niemand. Vielleicht war's an dem Tag nebelig.

Rund um die Goodwin Sands sind angeblich noch weitere Geisterschiffe unterwegs. Kein Wunder, denn die Sandbänke sind einer der größten Schiffsfriedhöfe der Welt. Weil sich ihre Lage ständig ändert, laufen hier immer wieder Schiffe auf Grund. Rund zweitausend sollen es sein, deren Überreste teilweise noch immer im Sand lagern. Man benötigt nicht viel Fantasie, um hier an nebligen Tagen Geisterschiffe zu sehen. Für die Musik und die Stimmen gibt es allerdings keine Erklärung.

Unheimliche Kräfte waren früher nicht nur auf Schiffen am Werk, sondern auch in den Tiefen des Meeres. An der norwegischen Küste auf Höhe der Lofoten vermutete man beispielsweise den gefährlichen **Mahlstrom**. Dabei handelte es sich angeblich um ein schwarzes Loch am Meeresboden, das wie ein gigantischer Badewannenabfluss wirbelnd Wasser einsog, um es dann an anderer Stelle wieder auszuspeien, was kein Schiff überstand.

Tatsächlich gibt es bei den Lofoten einen Mahlstrom oder Moskenstraumen, wie er auch genannt wird. Dabei handelt es sich aber nicht um ein schwarzes Loch, sondern um einen Gezeitenstrom, in dem bei Sturm starke Wirbel entstehen können.

Bei der Legende vom **Bermudadreieck** handelt es sich nicht um eine alte Sage, sondern um einen **modernen Mythos**, der nach dem Zweiten Weltkrieg aus einem Medienhype entstanden ist. In mehreren Zeitungsartikeln und in einem Buch wurde behauptet, dass vor der Ostküste Floridas mehr Schiffe und Flugzeuge im Meer versunken seien als sonst irgendwo auf der Welt. Als Ursachen wurden magische Kräfte oder Außerirdische vermutet. Statistiken zeigen aber, dass an dieser Stelle des Meeres auch nicht mehr Unglücke passieren als an anderen Orten mit ähnlich hohem Verkehrsaufkommen.

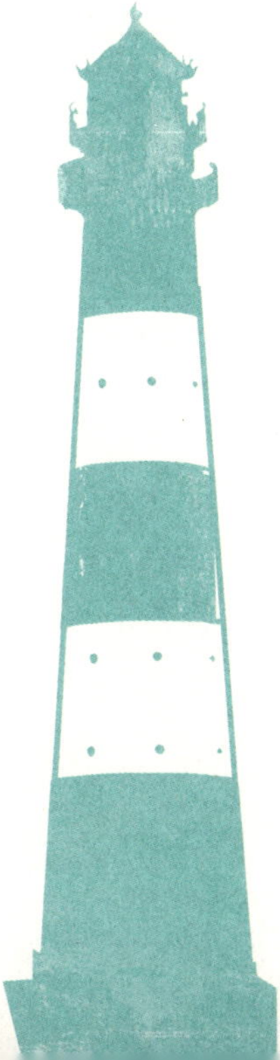

Goodwin-Sand

Das sind die Bänke von Goodwin-Sand,
sie sind nicht Meer, sie sind nicht Land,
sie schieben sich, langsam, satt und schwer,
wie eine Schlange hin und her.

Und die Schiffe, die mit dem Sturm gerungen
und die schäumende Wut der Wellen bezwungen,
und die gefahren über die Welt,
unzertrümmert, unzerschellt,
sie sehen die Heimat, sie sehen das Ziel,
da schiebt sich die Schlange unter den Kiel
und ringelt Schiff und Mannschaft hinab,
zugleich ihr Tod, zugleich ihr Grab.

Die See ist still, die Ebb' ist nah,
Mastspitzen ragen hier und da,
und wo sie ragen in die Luft,
da sind es Kreuze über der Gruft;
ein Kirchhof ist's, halb Meer, halb Land, –
das sind die Bänke von Goodwin-Sand

Theodor Fontane

Ungeheuer in der Tiefe

Neben Göttern und Geistern vermuteten unsere Vorfahren auch Ungeheuer in den Tiefen des Meeres. Und viele dieser Sagen und Mythen haben ebenfalls einen wahren Kern. Sie gehen auf Begegnungen mit Tieren zurück, die tatsächlich im Meer leben. Hier eine kurze Übersicht prominenter Meeresmonster, verbunden mit einer Einschätzung ihres Wahrheitsgehalts:

Menschenverschlingende Wale

Im Alten Testament flieht Jona vor einer Aufgabe, die Gott ihm gestellt hat: Er soll der Stadt Ninive ihren Untergang verkünden, aber er will nicht und flieht auf ein Schiff. Damit kommt er natürlich nicht durch. Gott entfesselt einen Sturm, der das Schiff fast zum Kentern bringt, und es kann erst gerettet werden, als die Seeleute Jona auf seinen eigenen Wunsch ins Meer werfen. Dort wird er von einem Wal verschluckt, der ihn nach drei Tagen und drei Nächten an Land wieder ausspuckt. Am Stück und lebendig.

Wahrheitsgehalt: Geht das? Können Wale ganze Menschen verschlucken und dann unverdaut wieder ausspucken? 1896 berichtete die New York Times von dem Fischer James Bartley, der bei der Jagd auf einen Pottwal von Bord ging und spurlos verschwand. Sechsunddreißig Stunden später fanden ihn seine Kollegen, als sie den Wal ausweideten, im Magen des Tiers wieder. Er lebte. Religiöse Menschen deuten diesen Zeitungsartikel immer wieder als Beweis dafür, dass die Geschichte von Jona und dem Wal wahr ist.
Leider ist nicht mal der Artikel wahr. Ein Historiker fand heraus, dass es einen Mann namens James Bartley nie gegeben hat. Fest steht aber, dass im Magen von Zahnwalen schon ganze Robben oder Delfine gefunden wurden. Allerdings tot. Bisher war noch kein Mensch bereit, sich für einen Selbstversuch zur Verfügung zu stellen und fressen zu lassen. Deswegen weiß man nicht, ob der Kern der Geschichte möglich ist.

Feuerspeiende Krokodildrachenschlangenwale

Der Leviathan kommt schon in alten Mythen aus Kanaan und Babylon vor und wird auch in der Bibel mehrfach erwähnt. Dieses Ungetüm sieht ein bisschen aus wie ein Krokodil, ähnelt aber auch einem Drachen, einer Schlange und einem Wal. Wie er genau aussieht, ist unklar, aber er ist böse und gefährlich, und aus seinem Maul schlagen Flammen.
Wahrheitsgehalt: Ein Wesen, das auch nur entfernt so aussieht, wurde bisher noch nicht gesichtet. Was nichts heißen

muss. In der Tiefsee leben garantiert Tiere, die noch niemand je gesehen hat.

Menschenfressende Riesenkraken

„Es gibt kein Tier im Wasser, welches den Menschen auf eine grausamere Weise umbrächte. Wenn es nämlich Schiffbrüchige oder Taucher anfällt und mit ihnen kämpft, so umklammert es sie, saugt sich mit seinen vielen Saugnäpfen fest und zieht sie tief hinab." Das berichtete der römische Naturforscher Plinius der Ältere vor fast 2000 Jahren über ein Monster, das er Polyp nannte. Es habe zehn Meter lange Arme und verströme einen grauenhaften Gestank. Von einem solch vielarmigen Monster ist in den Mythen vieler Völker die Rede. „Ihr Anblick ist furchtbar, ihre flachen Köpfe sind über und über mit Stacheln besetzt, und sie tragen rundherum lange scharfe Hörner", heißt es vor 500 Jahren bei einem anderen Naturforscher.
Wahrheitsgehalt: Bis Mitte des 19. Jahrhunderts galten diese Geschichten als Seemannsgarn. Aber dann wurden Riesenkalmare entdeckt, riesige Kraken, die durchaus zehn Meter lange Tentakel haben können. Und gesichtet wurden sie oder Teile von ihnen nicht nur in ferner Südsee, sondern auch vor den Küsten Norwegens und Großbritanniens. Stacheln und Hörner haben sie zwar nicht, aber sie verströmen tatsächlich einen extrem unangenehmen Geruch. Viel ist über diese Tiere noch nicht bekannt. Man weiß zum Beispiel nicht, ob sie Menschen angreifen. Vielleicht geht

diese Vermutung auch auf einen Verwandten des Riesenkalmars zurück, den Humboldt-Kalmar. Er wird immerhin auch zweieinhalb Meter groß und kann mehrere Meter aus dem Wasser schnellen, weshalb er immer mal wieder auf ein Bootsdeck klatscht. Und Humboldt-Kalmare greifen durchaus manchmal Fischer an.

Keine Sorge, es gibt sie nur im östlichen Pazifik. Und die Riesenkalmare leben in 3000 Metern Tiefe. Man trifft sie extrem selten, und wenn, dann sind sie tot.

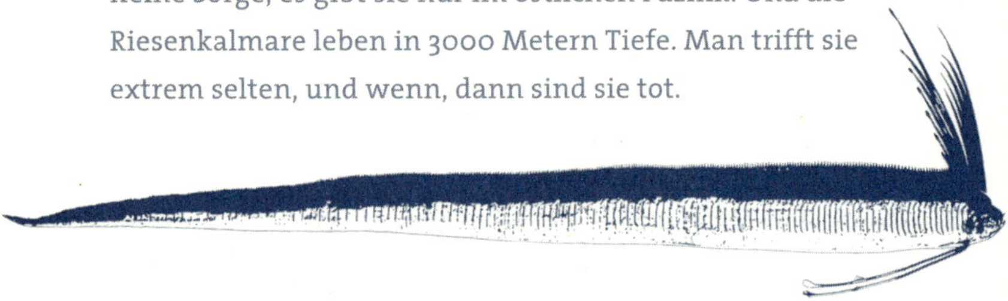

Glutäugige Seeschlangen

Geschichten über gefährliche Seeschlangen sind noch viel älter als die über Riesenkraken. Einer der ältesten Mythen ist die germanische Sage von der Midgardschlange, die vom Gott Thor erschlagen wurde. Später berichteten aber selbst Naturforscher von meterlangen Wasserwesen mit leuchtend roten Augen.

Wahrheitsgehalt: Die Existenz von Seeschlangen wurde bis jetzt noch nicht wissenschaftlich belegt. Vermutlich gehen solche Sagen auf Begegnungen mit Riemenfischen zurück. Diese langen, dünnen, abgeflachten Fische können acht Meter lang werden. Sie kommen in allen Ozeanen vor, sind aber ebenso harmlos wie zahnlos und fressen nur Garnelen und kleine Fische.

Killerhaie

Hier haben wir es wieder mit einem jungen Mythos zu tun. Denn Haie hielt man lange Zeit für viel harmloser als beispielsweise Wale. Erst seit Steven Spielbergs Film *Der weiße Hai* (1975) ist das anders. In diesem Blockbuster richtet ein riesiger weißer Hai an einem amerikanischen Strand ein Blutbad an, worauf ein Kampf zwischen drei Männern und der mordenden Bestie entbrennt. Der Film erhielt drei Oscars. Er begründete den guten Ruf von Steven Spielberg und den überaus schlechten des Weißen Hais.

Wahrheitsgehalt: Der weiße Filmhai hat ungefähr so viel mit echten Haien zu tun wie King Kong mit Gorillas. Trotzdem gehen die Filmereignisse auf eine wahre historische Begebenheit aus dem Jahr 1916 zurück. An der Küste von New Jersey wurden damals in einem einzigen Sommer vier Personen von einem oder mehreren Haien getötet, ein weiterer Schwimmer wurde verletzt. Die Attacken schockierten das ganze Land, weil bisher kein Wissenschaftler je damit gerechnet hatte, dass Haie in gemäßigten Klimazonen für Menschen zur Gefahr werden könnten. Präsident Woodrow Wilson sprach das Thema sogar im Kabinett an, und an den Küsten wurden Haijagden organisiert. Bis heute ist unklar, ob damals wirklich Weiße Haie vor den Küsten schwammen, denn normalerwiese halten sie sich in der Tiefsee auf. Es könnte sich auch um einen oder mehrere Bullenhaie gehandelt haben. Ebenfalls ungeklärt ist, was die normalerweise scheuen Tiere provoziert hat. Möglicherweise gab es im Jahr 1916 durch mehrere unglückliche Zufälle einfach ungewöhnlich viele Haie im Meer und ungewöhnlich viele Menschen am Strand. Letzteres zumindest ist bewiesen. Wegen einer enormen Hitzewelle und einer gleichzeitig grassierenden Polio-Epidemie machten in diesem Jahr ungewöhnlich viele Menschen Urlaub am Meer.

Monsterwellen

Monsterwellen, die plötzlich wie aus dem Nichts auftreten, wurden lange Zeit für Seemannsgarn gehalten. Zu unglaublich erschienen Berichte, nach denen sich plötzlich gewaltige Wellenberge vor Schiffen aufgetürmt hatten. Satellitenaufnahmen bewiesen jedoch die Existenz dieses Phänomens.
Wie solche Monsterwellen entstehen, ist nach wie vor offen. Wissenschaftler vermuten, dass kleinere Wellen sich bei Wind gegenseitig so aufschaukeln können, dass sie zu enormer Größe anwachsen. Inzwischen weiß man immerhin, dass Monsterwellen gar nicht so selten sind. Man unterscheidet drei Sorten: Ein „Kaventsmann" ist eine einzelne, große Welle. „Drei Schwestern" nennt man eine Folge von meist drei unterschiedlich großen, dicht aufeinanderfolgenden Wellen. Und eine „weiße Wand" ist, wie der Name schon sagt, eine sehr steile Welle, von der weiße Gischt sprüht. Moderne Schiffe werden inzwischen so konstruiert, dass sie solchen Erscheinungen standhalten können.
Mit Tsunamis haben Monsterwellen übrigens nichts zu tun. Die entstehen durch unterseeische Erdbeben, Vulkanausbrüche oder Erdrutsche, und für Schiffe sind sie nicht so gefährlich wie für Küstenbewohner. Ein Tsunami ist nämlich eine langgezogene, flache Wasserwelle, die auf hoher See meist nur eine Höhe von 80 Zentimetern hat. Erst beim Auftreffen mt sich das Wasser auf und reißt alles mit.

Zauberlicht

Es ist, als könne man zaubern: Man streicht am Strand mit der Hand über den Sand, und plötzlich leuchtet er blaugrün. Und auch das Meer schimmert auf einmal an vielen Stellen. Da, wo sich Wellen brechen, sieht man sogar Kaskaden von blaugrünem Licht. Wer jetzt ins Wasser geht, ist von einer leuchtenden Aura umgeben.

Viele Mythen ranken sich um dieses geheimnisvolle Leuchten, das manchmal am Strand und öfter auf hoher See auftreten kann. Die alten Germanen beispielsweise dachten, die Meeresgottheiten Ägir und Rán feierten ein Fest, wenn das Wasser schimmerte und glimmte.

Aber Meeresleuchten ist natürlich keine Zauberei. Verursacher sind winzige Algen, sogenannte Dinoflagellaten, die bei Berührung oder Strömungsveränderungen Lichtsignale aussenden. Diese besondere Fähigkeit heißt Biolumineszenz. Dabei wird chemische Energie in kaltes Licht umgewandelt, und das nahezu verlustfrei. Zum Vergleich: Bei einer Glühlampe gehen 95 Prozent der Energie als Wärme verloren.

Inzwischen versuchen Wissenschaftler, die Technik dieser Algen zu kopieren, um Energie zu sparen. Es gibt schon gentechnisch veränderte Schafe, die im Dunkeln leuchten, und bald soll es sogar leuchtende Bäume geben, die Straßenlaternen ersetzen. Da ist es kein weiter Schritt mehr zum selbstleuchtenden Weihnachtsbaum.

So zauberhaft wie im dunklen Meer kann man Biolumineszenz jedoch nirgends erleben.

Das Phänomen kommt zum Glück nicht nur an exotischen Stränden vor. Selbst an Nord- und Ostseestränden kann man es erleben, bevorzugt an warmen Abenden bei Neumond. Die Algen müssen dafür allerdings in hoher Konzentration vorkommen, und das lässt sich leider nicht vorhersagen.

Meeresleuchten

Aus des Meeres dunklen Tiefen
Stieg die Venus still empor,
Als die Nachtigallen riefen
In dem Hain, den sie erkor.

Und zum Spiegel, voll Verlangen,
Glätteten die Wogen sich,
Um ihr Bild noch aufzufangen,
Da sie selbst auf ewig wich.

Lächelnd gönnte sie dem feuchten
Element den letzten Blick,
Davon blieb dem Meer sein Leuchten
Bis auf diesen Tag zurück.

Friedrich Hebbel

Versunkene Städte

In der Geschichte der Menschheit sind Geschichten über versunkene Städte genauso beliebt wie Sagen über Seeungeheuer. Und auch hier zeigt moderne Forschung, dass einige auf wahre Begebenheiten zurückgehen. Weltweit wurden inzwischen schon mehr als fünfhundert versunkene menschliche Siedlungen entdeckt, viele sind mehr als dreitausend Jahre alt. Andere versunkene Städte, von denen in alten Aufzeichnungen die Rede ist, wurden dafür nie gefunden, vermutlich, weil sie ins Reich der Mythen gehören. Hier ein Überblick über die berühmtesten Städte, die das Meer verschlang:

Atlantis

Erstmals erwähnt von: dem griechischen Philosophen Platon (360 v. Chr.)

Lage: Inselstaat irgendwo im Atlantik

Geschichte: Atlantis war laut Platon ein stark expandierender Inselstaat, der sich immer mehr zur Weltmacht entwickelte. Das wehrhafte Athen konnte die Angreifer aber zurückdrängen. Laut Platon ist die Stadt dann vor rund zwölftausend Jahren nach einem Erdbeben innerhalb eines Tages und einer Nacht versunken.

Wiederentdeckt? Nein. Und das wird wohl auch nicht geschehen, denn wahrscheinlich handelt es sich hier um eine Erfindung Platons, inspiriert von einigen spektakulären Seebeben der damaligen Zeit, denen mehrere Städte zum Opfer fielen.

Herakleion (auch Thonis oder Tahone genannt)

Erstmals erwähnt von: dem griechischen Geschichtsschreiber Herodot (450 v. Chr.)

Lage: In Ägypten, in der Bucht von Abukir, auf mehreren Inseln erbaut.

Geschichte: Reiche Hafenstadt und bedeutendes religiöses Zentrum, um 500 vor Christus Ägyptens wichtigster Seehafen, ging um 800 nach Christus im Meer unter. Vermutlich ist die Stadt untergangen, weil das Land absank, während der Meeresspiegel stieg.

Wiederentdeckt? Ja. Im Jahr 2000 entdeckte der französische Unterwasserarchäologe Franck Goddio die antike Stadt am Meeresgrund. Er und sein Team fanden unter anderem gigantische Götterstatuen. Bis jetzt konnte aber erst ein Bruchteil der Funde aus dem Meer geborgen werden.

Thule

Erstmals erwähnt von: dem griechischen Entdecker Pytheas von Massalia (325 v. Chr.)

Lage: Auf einer Insel, sechs Tagesfahrten nördlich von Britannien

Geschichte: Thule ist ein sagenumwobenes Königreich auf einer Insel im hohen Norden. Es liegt antiken Berichten zufolge ganz am nördlichen Ende der bewohnten Welt. Über die Insel und ihre Bewohner ist bis heute nichts näher

bekannt. Vermutlich wurden verschiedene Orte im Norden Europas im Lauf der Geschichte Thule genannt.
Wiederentdeckt? Bis jetzt noch nicht. Berechnungen zufolge könnte die norwegische Insel Smøla Thule sein. Wenn das stimmt, wäre sie aber ziemlich geschrumpft. Smøla ist nämlich winzig, und Thule soll antiken Autoren zufolge zehn Mal größer gewesen sein als Britannien. Aber Inseln können kleiner werden, es ist also möglich.

Rungholt

Erstmals erwähnt von: dem deutschen Pastor und Chronisten Matthias Boetius (1623 n. Chr.)
Lage: Nordfriesisches Wattenmeer, in der Nähe der Insel Pellworm
Geschichte: Rungholt galt lange als erfundenes Sagenreich. Heute weiß man, dass die Stadt existierte und bei einer großen Flut am 16. Januar 1632 versank. Zuvor hatte sie rund 2000 Einwohner, was für die damalige Zeit viel war. Kiel hatte zeitgleich ungefähr etwa ebenso viele. So reich, wie Rungholt in den Legenden beschrieben wurde, war die Stadt aber eher nicht.
Wiederentdeckt? Ja. Ab 1921 tauchten im Watt Reste von Bauwerken auf, die bald als die Ruinen Rungholts erkannt wurden.

Vineta

Erstmals erwähnt von: dem aus Cordoba (Spanien) kommenden Reisenden Ibrahim ibn Yaqub (um 970 n. Chr.)

Lage: an der südlichen Ostsee, in der Nähe von Usedom oder Wolin.

Geschichte: belegt ist nur, dass es sich um eine sehr alte, reiche Hafenstadt handelte. Der Sage nach waren die Bewohner hochmütig und verschwenderisch. Warnungen einer Wasserfrau schlugen sie in den Wind, daraufhin ging die Stadt bei einer Sturmflut unter.

Wiederentdeckt? Nein. In der Gegend gibt es viele archäologische Fundstätten, keine konnte eindeutig als Vineta identifiziert werden.

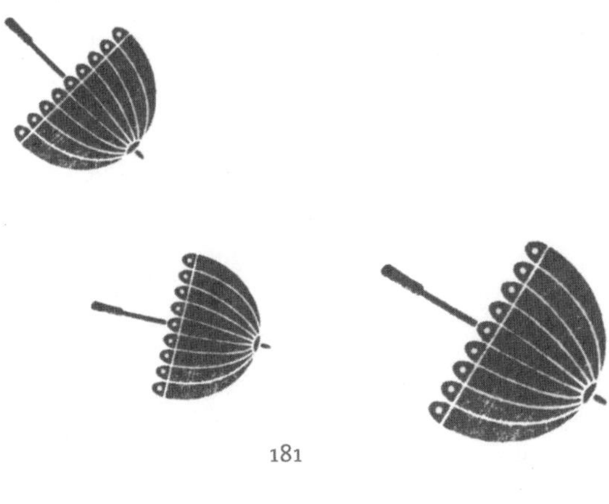

Ys (Ker Ys)

Erstmals erwähnt von: dem französischen Geistlichen Pierre Le Baud (1480 n. Chr.)

Lage: in der Bretagne, in der Bucht von Douarnenez

Geschichte: Gesicherte Erkenntnisse gibt es nicht. Der Legende nach lebte der Zauberer Merlin dort, und auch König Artus hielt sich hier auf.

Wiederentdeckt? Bis jetzt noch nicht. Ys gehört vermutlich ins Reich der Legenden. Angeblich taucht die Stadt auf, wenn dort an einem Freitag eine Messe gelesen wird, wenn die Glocken läuten und wenn gleichzeitig die Stadt Paris untergeht. Das ist bis jetzt noch nicht passiert.

Seemanns Braut ist die See

Geschichten über solche versunkenen Städte, über Geisterschiffe und geheimnisvolle Meeresbewohner wurden früher oft und gern von Matrosen erzählt. Seemannsgarn nannte man das.

Eigentlich war Seemannsgarn eine Schnur, die Seeleute in Handarbeit aus alten Tauen herstellten, also spannen. Und während sie das taten, erzählten sie sich gegenseitig Geschichten, die oft zwischen Wahrheit und Mythos angesiedelt waren und mit einem verschmitzten Augenzwinkern die Gutgläubigkeit der Zuhörer auf die Probe stellten. Wenn es dabei gelang, einen Grünschnabel anzuflunkern, war das Gelächter groß.

Viel zu lachen hatten Seeleute damals nicht. Geschichten von Abenteurern, die aus freien Stücken Matrosen wurden, gehören wohl auch eher ins Reich der Legenden. Meist waren es arme Leute vom Lande, die sich für das entbehrungsreiche Leben auf See entschieden, weil sie nichts zu verlieren hatten. Oft wurden Männer auch

von skrupellosen Heuermaaten betrunken gemacht und dann gegen ihren Willen als Matrosen rekrutiert.
Die Arbeit an Bord war nämlich hart. Matrosen mussten beim Segelsetzen in schwindelerregender Höhe gefährliche Schwerstarbeit leisten, sie mussten außerdem das Deck schrubben und sämtliche Reparaturarbeiten an Bord erledigen. Kabinen gab es nur für den Kapitän und die Offiziere. Die Mannschaft schlief dicht gedrängt in Hängematten unter Deck, und wegen der Enge und harten Arbeit gab es oft Streit. Bei Schlägereien, die in dieser Situation an der Tagesordnung waren, wurden dann meistens beide Beteiligten bestraft, und der Kapitän durfte nach Gutdünken entscheiden, was mit den Kampfhähnen geschah. Wenn er wollte, konnte er Matrosen auspeitschen oder gar kielholen lassen. Dabei wurde der Bestrafte mit einem Tau unter dem Schiff durchgezogen, was oft tödlich endete.
Die Verpflegung an Bord war außerdem schlecht, denn frische Lebensmittel gab es nur in den Anfangstagen der oft monatelangen Fahrten, und selbst haltbare Lebensmittel wie Kartoffeln, die man zum Beispiel für das beliebte Labskaus benötigte, waren meist nach wenigen Wochen verdorben. Hauptbestandteil der Nahrung waren dann Fisch, Pökelfleisch und harter Schiffszwieback, der von Maden besiedelt wurde. Die meisten Seeleute litten deswegen an Skorbut, einer Krankheit, die durch Vitamin-C-Mangel entsteht. Aber trotz Fieber, Schwäche, Muskelschwund und Zahnausfall mussten sie weiterarbeiten. Und damit keiner vorzeitig von Bord ging, wurde die Heuer stets erst am Schluss der Reise ausgezahlt.

Ende des 18. Jahrhunderts verbesserte sich die Lage der Seeleute, zumindest, was das Essen anbetraf. Jetzt durfte an Bord nur noch an drei Wochentagen Fisch gereicht werden. An den anderen gab es Fleisch, und am Donnerstag, dem sogenannten „Seemannssonntag", wurden sogar Klöße oder Pudding serviert, gesüßt mit getrockneten Pflaumen oder Honig.
Dass bei solchen Bedingungen und bei monatelanger Abwesenheit von Zuhause kein Familienleben möglich war, liegt auf der Hand. Viele traurige Seemannslieder berichten noch heute von Einsamkeit, Abschied und Liebesleid der Seeleute.

Schiffe am Meeresgrund

Die Schifffahrt war immer gefährlich. Schiffe konnten im Sturm kentern, stranden, von Piraten gekapert werden, kollidieren oder wegen eines Lecks mit Mann und Maus sinken.

Schätzungen zufolge lagern unter Wasser rund drei Millionen Schiffe aus vielen Jahrtausenden Menschheitsgeschichte. Der Gesamtwert ihrer Fracht wird auf mehrere Billionen Dollar geschätzt. Viele Firmen haben sich deswegen inzwischen auf die Bergung von Meeresschätzen spezialisiert.

Wenn allerdings ein Schatz auf dem Meeresgrund gefunden wird, fangen die Schwierigkeiten oft erst an, denn jetzt muss die Rechtslage geklärt werden. Gehört das Schiff dem Land, auf dessen Boden es entdeckt wurde? Oder dem, dessen Kulturgüter es in sich birgt? Oder gar dem Entdecker? Das wird von Land zu Land unterschiedlich gehandhabt und muss in langen Prozessen geklärt werden.

Aber die Rechtslage ist nicht das einzige Problem für Schatzentdecker. Auch die Bergung gesunkener Schiffe ist schwierig, oft sogar unmöglich. Und weil die Wracks unbewacht am Meeresgrund liegen, haben Plünderer freie Bahn. Mehr als siebzig Jahre lang ruhte beispielsweise das Wrack der Titanic an einem unbekannten Ort auf dem Meeresgrund, bis es 1985 entdeckt wurde. Die Rechtslage konnte zwar rasch geklärt werden, aber jetzt besuchen Bootstouristen und Tauchexpeditionen den Ort. Inzwischen ist die Titanic stark beschädigt und von Müll übersät. Sie liegt am Meeresgrund wie ein Museum ohne Wächter, und wenn nicht bald etwas geschieht, ist sie bald ganz zerstört.

Piraten

Seit Waren und Reichtümer auf dem Wasserweg transportiert werden, gibt es auch Seeräuber, die sie stehlen wollen. Ein weiteres lukratives Geschäft auf See war schon immer der Menschenraub: Wenn ein Schiff keine Schätze an Bord hatte, konnten die Piraten Gefangene nehmen und Lösegeld von deren Familien erpressen. Funktionierte das nicht, konnten sie die Gefangenen immer noch als Sklaven verkaufen.
Schon in römischen Zeiten lief das Geschäft mit der Seeräuberei so gut, dass rund dreißigtausend Piraten davon lebten. Sie hatten hunderte von Städten erobert und wohnten dort nicht im Verborgenen, sondern trugen ihren Reichtum offen zur Schau. Ihre Schiffe hatten vergoldete Segel und purpurne Sonnendächer. Sogar der spätere Diktator Julius Cäsar wurde im Alter von 25 Jahren von Piraten gefangen genommen und nur gegen ein Lösegeld freigelassen. Nach seiner Freilassung rächte Cäsar sich allerdings an den Tätern, indem er sie fangen und hinrichten ließ.
Eigentlich waren und sind Piraten Verbrecher. Trotzdem gelten sie in Legenden, Büchern und Filmen als Helden. Ein Grund dafür sind wohl die Regeln, die sich die gesetzlosen Räuber stets selbst gaben. Der sogenannte Piratenkodex war eine Art Vertrag zwischen Mannschaft und Kapitän, den jeder an Bord unterzeichnete und der oft gerechter und demokratischer war als die Regeln, nach denen ehrliche Matrosen arbeiten mussten. Im Piratenkodex war zum Beispiel

festgelegt, wie die Beute verteilt wurde und welche Strafen bei Diebstahl oder Raufereien verhängt wurden. Außerdem ging es um Mitspracherechte an Bord, und manchmal wurde darin sogar eine Entschädigung für Arme oder Beine festgelegt, die Mitglieder der Besatzung im Kampf verloren. Der Piratenkodex wurde für alle sichtbar an Bord festgenagelt, und die Seeräuber schworen bei ihrer Ehre, dass sie ihn einhielten.
Ein weiterer Grund für die Verherrlichung von Piraten waren die sogenannten „Kaperbriefe", die viele Regierungen ab dem 12. Jahrhundert an Kapitäne von Piratenschiffen ausgaben. Wer ein solches Papier vorweisen konnte, besaß quasi offiziell die Lizenz zum Kapern. Er war kein krimineller Seeräuber mehr, sondern ein „Freibeuter", der im Auftrag seiner Regierung Schiffe einer anderen Nation überfiel, ausraubte und versenkte. Das galt als Seekriegsführung und diente meist schlicht und ergreifend dazu, leere Staatskassen wieder aufzufüllen. Ein Teil des Gewinns gehörte stets der Regierung, den Rest durfte der Pirat aber behalten oder legal verkaufen. So entstand das Bild des freiheitsliebenden Outlaws, der niemandem als sich selbst verpflichtet war.

Ein berühmtes Beispiel dafür war Klaus Störtebeker, der noch heute als eine Art Robin Hood der Meere verehrt wird. Er soll im 14. Jahrhundert die Schweden im Kampf gegen die Dänen unterstützt haben. Danach erweiterte er sein Piratengeschäft und kaperte auch Hanse-Schiffe, was die Hamburger zu seinen Feinden machte. Sie schnappten ihn und verurteilten ihn zum Tod. Legendär sind die Geschehnisse, die sich bei seiner Enthauptung abgespielt haben sollen: Der Bürgermeister von Hamburg versprach, jedes Besatzungsmitglied zu begnadigen, an dem Störtebeker nach seiner Enthauptung kopflos vorbeitaumeln konnte. Als der Geköpfte losstürmte und bald schon am elften Mannschaftskameraden vorbeigelaufen war, brachte ihn der Henker absichtlich zum Stolpern. Und dann brach auch noch der Hamburger Bürgermeister sein Wort und ließ doch alle Piraten enthaupten.

Eine spannende Geschichte, aber wahr ist sie nicht. Historiker glauben heute sogar, dass es Klaus Störtebeker nie gegeben hat.

Andere berühmte Piraten gab es aber wirklich. Sir Francis Drake beispielsweise, ein englischer Freibeuter, rettete im 16. Jahrhundert die englische Königin Elisabeth vor dem Bankrott und unterstützte sie im Kampf gegen die spanische Seemacht. Er war ein Pirat, aber gleichzeitig auch ein geachteter Bürger, den die Queen zum Ritter schlagen ließ. Als erster Engländer umsegelte er die Welt.

Ein anderer berühmt-berüchtigter Pirat war Blackbeard. Der bärtige Matrose machte sich im 18. Jahrhundert als Pirat selbstständig und versetzte die Welt in Angst und Schrecken, denn er galt als überaus grausamer Kämpfer. Dank eines Tricks musste er aber fast nie Gewalt anwenden: Wenn er ein Schiff kaperte, steckte er sich brennende Lunten in die Enden seines langen, wilden, schwarzen Bartes, und die Kapitäne ergaben sich dieser qualmenden Bestie freiwillig.

Auf den sieben Weltmeeren waren übrigens nicht nur männliche Piraten unterwegs. Mary Read und Anne Bonny kämpften im 17. Jahrhundert in Männerkleidung Seite an Seite mit den Seeräubern.

Piraterie ist weltweit auch heute noch ein großes Problem. Moderne Piraten kämpfen aber nicht mehr mit rauchenden Bärten, sondern meist mit Maschinengewehren. 2015 kam es weltweit zu 246 Überfällen auf hoher See.

Der Pirat

Mit zehn Kanonen, blank an Bord,
mit vollen Segeln vor dem Wind,
die flink wie Möwenflügel sind,
streicht eine Barke durch die Flut:
die Barke des Piratenherrn,
auf allen Meeren ausgekannt
von einem bis zum andern Strand,
der „Hai" getauft für seinen Mut.

Im dunkeln Wasser hüpft der Mond,
im Tauwerk rauft und pfeift der Wind;
ein langer Silberstreifen rinnt
breit durch die blaubewegte Flut.
Und der Piratenkapitän
sitzt singend hoch an Steuers Rand,
links Asiens, rechts Europens Strand,
und singt und singt und schwenkt den Hut.
(...)

Richard Dehmel

Survivaltipps gegen Seekrankheit

„Meiner Ansicht nach ist das Erbrechen immer noch das geringste Übel bei der Seekrankheit. Viel schwerer zu ertragen sind die geistige Mattigkeit, dergestalt, dass man nicht einmal mehr den Kopf wenden würde, um sein Leben zu retten“, heißt es in einem alten Reisebericht. Und tatsächlich ist Seekrankheit mehr als nur Übelkeit. In schweren Fällen können Patienten sogar eine Depression entwickeln, und man muss sie daran hindern, von Deck zu springen.

Ob man auf einem Schiff an Seekrankheit leidet, ist Veranlagungssache. Mit Training hat es nichts zu tun. Selbst erfahrene Seeleute erkranken oft daran. Am seltensten sind Säuglinge und Menschen im Alter ab fünfzig betroffen, am stärksten Kinder zwischen zwei und zwölf. Nach zwei bis drei Tagen lässt sie aber meistens nach, und fünf bis fünfzehn Prozent aller Reisenden haben Glück, sie erkranken nie.

Seekrankheit entsteht, wenn unsere Sinnesorgane unterschiedliche Informationen über die Lage des Körpers ans Gehirn liefern, wenn also beispielsweise die Augen etwas anderes melden als das Gleichgewichtsorgan im Ohr. Aber keine Panik, moderne Schiffe besitzen Stabilisatoren, die das Schwanken ausgleichen, und mit ein paar Tricks kann man die Beschwerden lindern:

- Vorbereitung ist wichtig: Ausgeschlafen erkrankt man seltener als übermüdet. Der Magen sollte zudem weder ganz voll noch ganz leer sein.
- Im Mittelschiff ist das Risiko geringer als an Heck und an Bug.
- Erste Anzeichen sind häufiges Gähnen, Frösteln und gleichzeitige Schweißausbrüche. Bei diesen Symptomen sollte man sich möglichst hinlegen, die Augen schließen, am besten schlafen. Hilft das nicht, sollte man den Blick auf den Horizont richten.
- Alkohol, Lesen oder Fernsehen verschlimmern die Symptome.
- Es kann helfen, Ingwerscheibchen zu kauen, um die Übelkeit zu bekämpfen.
- Ersten Studien zufolge hilft auch Vitamin C. Die Probanden nahmen zwei Gramm pro Tag. Es gibt Medikamente gegen Seekrankheit, die allerdings nicht jeder verträgt. Unbedingt vorher einen Arzt oder Apotheker fragen!

Nach einer Seereise kann übrigens auch das Gegenteil von Seekrankheit auftreten, die Landkrankheit. Der Körper hat sich dann an den Seegang gewöhnt, der Boden scheint auch an Land noch zu schwanken. Die Augen signalisieren aber etwas anderes, und wieder entsteht Übelkeit.

Das Meer als Forschungsgebiet

Die letzte unbekannte Insel

Inseln sind Sehnsuchtsorte. Wenn wir so richtig gestresst sind, fühlen wir uns reif für die Insel.

Inseln sind aber auch Gefängnisse, die keine Mauern benötigen. Das Meer ist ein Wärter, dem man schwer entkommt.

Inseln sind außerdem Orte der Selbsterfahrung und Bewährung fernab der Zivilisation. Wen oder was würde ich mitnehmen, wenn ich auf eine einsame Insel reisen müsste? Wer hat sich das noch nie gefragt.

Auch zum Philosophieren eignet sich kein Ort so gut wie eine Insel. In einem berühmten Gedicht von John Donne heißt es beispielsweise: „Niemand ist eine Insel. Jeder Mensch ist ein Teil des Kontinents."

Früher waren Inseln auch Abenteuerorte. Man konnte sie entdecken, erforschen und auf ihnen nach Schätzen graben.

Aber leider gibt es seit der Erfindung des Satellitenfotos keine unbekannten Inseln mehr. Jede kann aus dem Weltraum heraus entdeckt und anschließend erkundet werden.

Nein, nicht jede. Eine unbekannte Insel gibt es noch. Sie heißt North Sentinel Island, liegt im Indischen Ozean und gehört zur Inselgruppe der Andamaren. Erstmals wurde sie 1771 erwähnt, und Satellitenfotos gibt es von ihr natürlich auch. Doch darauf sieht man nur weiße Sandstrände und grüne Urwälder. Mehr weiß man über sie nicht, kein Seefahrer,

Forscher oder Entdecker hat sie je betreten oder auch nur mit einem Flugzeug überflogen. Seit Jahrhunderten vertreiben die Bewohner von North Sentinel Island nämlich jeden Besucher mit einem Pfeilhagel.
Die Erforschung dieser Insel und ihrer Bewohner wäre für Wissenschaftler natürlich hochinteressant. Aber jeder Kontakt mit moderner Zivilisation würde Natur und Kultur der Insel auch zerstören, und es scheint, als wüssten die Sentinelesen das.
Niemand ist eine Insel, das stimmt also in diesem Fall nicht. Und hoffentlich gelingt es den Menschen auf North Sentinel Island noch lange, nicht Teil unserer Kontinente zu werden. Zumindest, solange sie es nicht wollen.

Neue Inseln

Auch wenn inzwischen alle Inseln entdeckt sind, gibt es für Inselforscher noch genug zu tun. Denn Inseln verändern sich ständig und manchmal entstehen sogar neue Eilande im Meer. Ein Beispiel dafür ist die isländische Insel Surtsey:
Am Morgen des 14. November 1963 segelte der kleine Fischkutter Ísleifur II auf der Suche nach Fischschwärmen vor Geirfuglasker, der südlichsten der isländischen Westmännerinseln. Plötzlich bemerkten Kapitän Gudmar Tomasson und seine Männer eine schwarze Rauchwolke mitten auf dem Meer.

Weil sie annahmen, es würde sich dabei um ein brennendes Schiff handeln, fuhren sie näher. Doch als sie Schwefelgeruch wahrnahmen, wurde ihnen klar, was sie tatsächlich entdeckt hatten: den Ausbruch eines Unterwasservulkans.

Die Fischer wurden an diesem Tag Zeugen der Geburt einer neuen Insel. Das Meer war an dieser Stelle 130 Meter tief, und zunächst war nur eine gewaltige Asche- und Dampfwolke sichtbar. Aber schon in der ersten Nacht schob sich der Vulkankegel über die Meeresoberfläche, und nach ein paar Tagen hatte sich bereits eine 45 Meter hohe Insel gebildet. Der Vulkan blieb vier Jahre lang aktiv, bis er erlosch und eine fast zwei Kilometer lange Insel zurückließ, die an ihrer höchsten Stelle 154 Meter hoch war. Inzwischen leben dort rund neunzig verschiedene Vogelarten, außerdem Pflanzen, Moose, Flechten und Insekten. Sogar Robben haben sich angesiedelt.

Um diese Evolution im Schnelldurchlauf nicht zu stören, durften bisher nur wenige Menschen die Insel Surtsey betreten, eine Genehmigung erhält man nur zu Forschungszwecken. Leider stellten die Wissenschaftler dabei fest, dass Surtsey schon wieder schrumpft.

Aber bestimmt werden bald neue Inseln entstehen. Manche Wissenschaftler schätzen, dass es unter Wasser mehr als eine Million Vulkane gibt. Ihre Ausbrüche bleiben meist unbemerkt, aber manchmal sind sie so stark, dass neues Land entsteht.

Eine neue Insel könnte zum Beispiel demnächst in der Nähe der Kanareninsel El Hierro aus dem Meer auftauchen. Inzwischen ist der unterseeische Vulkankegel so stark angewachsen, dass er nur noch 89 Meter unter der Meeresoberfläche liegt. Es scheint möglich, dass er es noch bis an die Oberfläche schafft.

Tiefer kann man nicht sinken

Als James Cameron im März 2012 mitten auf hoher See von Bord der Mermaid Saphire ging, stand er kurz vor dem Tiefpunkt seiner Karriere. Der Regisseur der Filme Avatar und Titanic startete damals nämlich mit einem Spezial-U-Boot zur wahrscheinlich tiefsten Stelle des Meeresbodens. Das Challengertief im Marianengraben östlich der Philippinen liegt fast elf Kilometer unter der Wasseroberfläche. Würde man den Mount Everest in diese Untiefe stellen, wäre er immer noch von fast drei Kilometern Wasser bedeckt.

Es dauerte mehr als zweieinhalb Stunden, bis Cameron mit seinem U-Boot den Meeresgrund erreicht hatte, und verlassen konnte er das stahlgepanzerte Fahrzeug dort nicht. In solchen Meerestiefen herrschen nämlich Extrembedingungen. Das Wasser ist hier maximal vier Grad warm, und das Gewicht der Wassersäule, die auf einen Menschen einwirkt, ist höher als das von drei Geländewagen.

Viel gesehen hat Cameron unter Wasser nicht. Pflanzen gibt es in dieser Dunkelheit nämlich nicht, der Meeresgrund ähnelt einer Mondlandschaft. Und schon nach drei statt der geplanten sechs Stunden musste der Regisseur auftauchen, da das U-Boot dem Druck nicht länger gewachsen war. Bodenproben haben aber inzwischen gezeigt, dass selbst in diesen Tiefen Leben existiert, auch wenn man es nicht sieht. Hier wimmelt es sogar geradezu von Mikroben. Nachgewiesen wurden auch Garnelen, Würmer und Seegurken, das sind nahe Verwandte von Seesternen und Seeigeln. Wie diese Tiere mit dem Wasserdruck klarkommen, konnten Wissenschaftler noch nicht entschlüsseln.

Nicht nur an ihren extremsten Stellen sind Unterwasserwelten in der Tiefsee für uns noch heute ein einziges, großes Rätsel. Dazu ein paar Zahlen: Rund 35 Prozent unseres Planeten sind von mehr als vier Kilometern Wasser bedeckt. Würde man alle Kontinente zusammenrechnen, käme man auf gerade mal 29 Prozent. Und nur ungefähr fünf Quadratkilometer dieser Tiefseewelt sind mittlerweile erforscht. Aber schon diese wenigen Kilometer beweisen, dass tief unten am Meeresgrund noch faszinierende Welten auf uns warten. Welten, in denen es unterirdische Vulkane gibt, kalte und heiße Thermalquellen, Seegebirge, gewaltige Riffe und geheimnisvolle Kreaturen. Wissenschaftler schätzen, dass 91 Prozent aller in den Ozeanen lebenden Arten noch nicht entdeckt sind.

James Cameron allerdings forscht inzwischen wieder auf anderem Gebiet. Seine neue Challenge sind 3D-Filme, die man ohne Spezialbrillen sehen und erleben kann.

Wer weiß, vielleicht können wir eines Tages Tiefseewelten brillenlos in 3D-Qualität bestaunen.

Delfine – Freunde des Menschen

In allen Meeren unserer Welt gibt es Delfine. Sogar in der Ostsee vor Flensburg wurden schon Tümmler gesichtet. Und egal, wo sie auftauchen, immer sorgen die verspielten Meeressäuger für Aufsehen. Kaum ein Meerestier übt nämlich eine solche Faszination auf Menschen aus wie der Delfin.
Vielleicht liegt das auch daran, dass kaum ein Meerestier so fasziniert von uns Menschen ist wie die schlanken, grauen Wasserwesen mit ihrem scheinbar immer lächelnden Gesicht. Delfine folgen Schiffen, retten Menschen und schließen uns Landbewohner sogar manchmal richtig ins Herz. Darüber gibt es seit der Antike viele Berichte.

Der römische Gelehrte Plinius der Ältere zum Beispiel erzählt in seinen Schriften von einer rührenden Freundschaft zwischen einem Jungen und einem Delfin, die seinen Angaben zufolge sogar von mehreren seriösen Zeitgenossen bezeugt wurde. Sie begab sich zu der Zeit, als Augustus Kaiser war, also irgendwann rund um Christi Geburt, und zwar am Golf von Neapel. Damals ging der Sohn eines armen Mannes jeden Tag am Meer entlang zur Schule. Eines Tages entdeckte das Kind im Wasser einen Delfin und begann, ihn mit Brotstückchen zu füttern. Er nannte ihn Simon, was „Der Stupsnasige" bedeutete, und immer, wenn der Junge diesen Namen rief, schwamm das Tier ans Ufer und fraß ihm aus der Hand. Später ließ der Delfin den Jungen sogar auf seinen Rücken steigen, brachte ihn zur Schule und holte ihn dort auch wieder ab.

Nach einigen Jahren starb der Junge an einer Krankheit. Der Delfin kam trotzdem weiterhin zur Schule und suchte nach dem Kind, bis er schließlich ebenfalls starb, aus Sehnsucht, wie Plinius berichtete.

Wahr oder nicht wahr? Das wird man wohl nicht mehr herausfinden. Fest steht jedoch: Solche Geschichten sind möglich. Tatsächlich freunden sich einzelne Delfine immer wieder mit Menschen an. Kein Wunder, dass die freundlichen Tiere auch Meeresforscher faszinieren. Deswegen ist inzwischen einiges über sie bekannt.

Jeder weiß: Delfine sind keine Fische, sondern Säugetiere. Aber was kaum jemand weiß: Der Name täuscht. Eigentlich müssten Delfine Spritztiere heißen. Das mit dem Saugen klappt bei ihnen nämlich aus anatomischen Gründen nicht. Mit ihren schnabelartigen Mäulern können Delfinbabys nicht an den Zitzen ihrer Mütter trinken. Deswegen spritzen die Delfinmütter ihren Kleinen die Milch ins Maul, dafür haben sie spezielle Muskeln an ihren Milchdrüsen.

Was auch nur wenige wissen: Urahn der Delfine war der Mesonyx, ein wolfsähnliches Tier mit Fell und Hufen, das vor 55 Millionen Jahren an Land gelebt hat.

Ganz und gar ungeklärt ist immer noch die Frage, wie intelligent Delfine sind. Manche Wissenschaftler glauben, dass ein Delfingehirn fast so leistungsfähig ist wie ein menschliches, andere bestreiten das. Trotzdem hat die indische Regierung vor ein paar Jahren ein Gesetz verabschiedet, nach dem Delfine irgendwo zwischen Tieren und Menschen angesiedelt werden. Als „nichtmenschliche Personen" haben sie in Indien jetzt ein Recht auf Freiheit und dürfen nicht mehr in Aquarien gehalten werden.

Und es gibt noch mehr ungewöhnliche Fakten über Delfine: Sie schlafen immer nur mit einer Gehirnhälfte, die andere bleibt wach. Delfine geben sich außerdem gegenseitig Namen, das heißt, sie rufen sich mit deutlich unterscheidbaren Pfeiflauten. Sie sind mitfühlend, helfen kranken Artgenossen und erinnern sich noch nach zwanzig Jahren an frühere Freunde. Man darf gespannt sein, was Forscher noch alles über Delfine herausfinden.

Wie kommunizieren Fische?

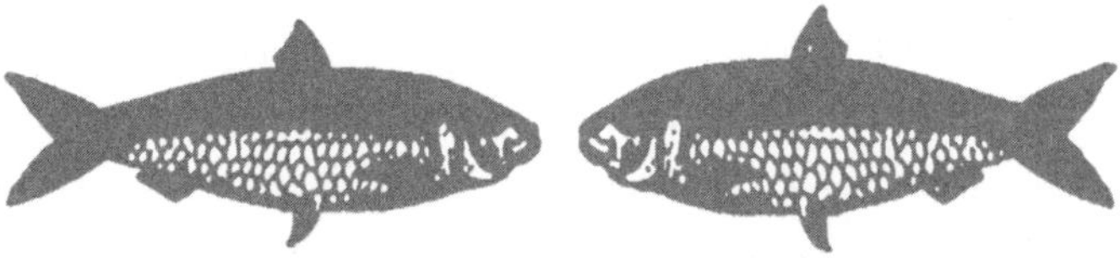

Stumm wie ein Fisch? Von wegen! Eigentlich müsste es heißen: geschwätzig wie ein Fisch, denn viele Fische sind kein bisschen still und stumm. Sie grunzen, knurren, knattern, pfeifen, quietschen oder zwitschern, um sich miteinander zu verständigen. Je nach Art erzeugen sie diese Töne mit Zähnen, Kiemen, Kieferknochen, Schwimmblasen oder Sehnen. Und sie tun das, um andere Fische zu warnen, zu vertreiben oder ein Weibchen zu erobern. Dabei können Fische sogar richtige Quasselstrippen werden.

Mit speziellen Mikrofonen, die man Hydrofone nennt, haben Wissenschaftler diese Laute inzwischen auch für Menschen hörbar gemacht. Seitdem weiß man zum Beispiel, dass Heringe sich mit Fürzen verständigen. Sie pressen Luft aus der Schwimmblase in den Darm und können so Tonhöhen erzeugen, die drei Oktaven umfassen.

Der Knurrhahn, ein bodenbewohnender Meeresfisch, macht seinem Namen alle Ehre. Er kann seine Schwimmblase vibrieren lassen und so ein tiefes Knurren erzeugen, wenn man ihm in die Quere kommt. Auch Adlerfische, die über zwei Meter lang werden, erzeugen sehr tiefe Töne. Die Stimme des Seeteufels hingegen passt weniger gut zu seinem Namen. Der

große, wirklich gefährlich aussehende Fisch quiekt wie eine Maus.
Wissenschaftler haben inzwischen entdeckt, dass Fischlarven sogar hören können, wo ihre Eltern sind. Sie folgen ihnen dann nach dem Schlüpfen, weil sie in der Nähe der erfahrenen Altfische sicherer sind als ganz allein im weiten Meer.
Weil die Meere leider immer lauter werden, brüllen sich manche Fische inzwischen richtig an. Menschengemachter Lärm von Schiffsmotoren, Bohrköpfen und Sprengungen sorgt nämlich dafür, dass man als Fisch unter Wasser inzwischen leicht überhört wird. Und wer da noch Chancen bei einem Weibchen haben will, muss eben gegen den Krach ankämpfen.
Haben Fische überhaupt Ohren, mit denen sie ihre Artgenossen hören können? Nein, die haben sie nicht. Sie nehmen den Schall über das Seitenlinienorgan mit dem ganzen Körper auf.
Nicht alle Fische geben übrigens Töne von sich. Viele kommunizieren über ihre Flossen, also mit Zeichensprache.

Fisches Nachtgesang

–

U U

– – –

U U U U

– – –

U U U U

– – –

U U U U

– – –

U U U U

– – –

U U

–

Christian Morgenstern

Goldgrube Meer

Im Jahr 1919 hatten die Deutschen vorsichtig ausgedrückt ein finanzielles Problem. Nach dem verlorenen Ersten Weltkrieg mussten sie über 200 Milliarden Goldmark an die Siegermächte zahlen. In dieser Situation hatte der Chemiker Fritz Haber eine Idee. Er studierte wissenschaftliche Fachbücher und kam zu dem Schluss, dass in jeder Tonne Meerwasser rund drei bis zehn Milligramm Gold in gelöster Form enthalten sein mussten. Das Wasser hatte es in Jahrmillionen aus Gesteinsschichten ausgewaschen, im Meer hatte es sich nun angesammelt, und es gehörte niemandem.

Seinen Berechnungen zufolge waren im gesamten Weltmeer acht Milliarden Tonnen Gold enthalten. Und wenn es irgendwie gelang, einen Teil dieses Schatzes aus dem Meerwasser zu gewinnen, konnten alle Schulden schnell bezahlt werden.

Der frisch gebackene Nobelpreisträger gründete eine geheime Abteilung in seinem Institut und machte sich bald an die Arbeit. Er begab sich mit einem Team auf See und analysierte an vielen Stellen Wasserproben, fast fünftausend insgesamt.

Ein paar Jahre später gab er auf. Es war ihm nicht gelungen, Gold aus Meerwasser zu extrahieren, stattdessen hatte er

sogar festgestellt, dass die Konzentration des Edelmetalls im Meerwasser weit unter seinen Erwartungen lag.
1964 gelang es dann aber dem Tübinger Professor Ernst Bayer und seinen Mitarbeitern, aus dem Wasser des Golfs von Neapel Gold, Kupfer und Uran zu gewinnen. Erneut keimte die Hoffnung auf, dass die Meere eine wahre Goldgrube sein könnten.
2106 haben nun Wissenschaftlerinnen und Wissenschaftler vom GEOMAR Helmholtz-Zentrum für Ozeanforschung in Kiel, vom Geologischen Dienst Island und von der Christian-Albrechts-Universität zu Kiel festgestellt, dass die Goldkonzentration unterhalb von heißen Quellen auf der isländischen Halbinsel Reykjanes fünfhunderttausendfach höher ist als in normalem Meerwasser. Hier könnten zehntausend Kilo Gold enthalten sein, es kommt in Form von winzigen Nanopartikeln vor.
Und an der Universität Heidelberg wurde inzwischen eine Methode entwickelt, bei der solche Goldpartikel mit Hilfe von Bakterien aus Flüssigkeiten gewonnen werden können. Vielleicht kann in naher Zukunft doch noch Gold in größeren Mengen aus dem Meer gewonnen werden.
Die Kriegsreparationen aus dem Ersten Weltkrieg sind aber inzwischen abbezahlt. Allerdings erst seit dem Jahr 2010.

Im Januar 1992 geriet das griechische Frachtschiff Ever Laurel auf dem Weg von Honkong nach Amerika in einen Sturm. In den Turbulenzen verlor es einen Teil seiner Ladung, darunter neunundzwanzigtausend Badetiere, vor allem gelbe Entchen, aber auch grüne Frösche, blaue Schildkröten und rote Biber. Nach einigen Monaten wurden einige davon in Alaska angespült, andere landeten in England, Australien oder Indonesien. Wie konnte dass ein?

Jetzt wurden Wissenschaftler auf die „Friendly Floatees", wie sie genannt wurden, aufmerksam. Sie begannen, die Routen der Entchen zu verfolgen und Badetierfunde zu dokumentieren. So konnte inzwischen eine Meerwasserströmung durch das nördliche Eismeer bis in den Atlantik nachgewiesen werden. Der einstige Enten-Unfall hatte sich zum Glücksfall für die Forschung gemausert.

Von Salzwasser und Sonne ausgebleicht dümpeln viele der Entchen noch immer über die Meere und sind bestimmt noch für einige Überraschungen gut.

Im Meer treiben aber leider nicht nur diese Plastikentchen. Eine Studie hat ermittelt, dass jährlich rund acht Millionen Tonnen Plastikmüll dort landen. Er wird von Flüssen ins Meer getragen, von Touristen an Stränden zurückgelassen, von Schiffen illegal auf hoher See entsorgt oder gelangt beim Fischfang und bei der Arbeit auf Ölplattformen absichtlich oder versehentlich ins

Wasser. Würde all dieser Müll an die Küsten angeschwemmt, lägen weltweit an jedem Küstenmeter mehr als fünfzehn Supermarkttüten voll Plastikmüll.
Die wahre Dimension des Problems kann man bisher an Land noch nicht erkennen. Auf hoher See ist das anders. Der Müll folgt dort genau wie die Plastikentchen den Strömungen und sammelt sich an einigen Stellen an, meist an Strömungswirbeln.
Der Nordpazifikwirbel beispielsweise trägt inzwischen schon den Beinamen Great Pacific Garbage Patch, großer Pazifikmüllfleck. Wer hier segelt, dessen Bug pflügt durch Müll wie andernorts durch Eischollen, denn hier trifft Müll aus Amerika auf Abfall aus Asien. Die Fläche dieser schwimmenden Deponie ist schon vier Mal so groß wie Deutschland.
Dieser sichtbare Müll ist aber gar nicht das eigentliche Problem. Viel schlimmer ist, dass Wellen, Sonne und Salzwasser dem Plastik zusetzen, es zerkleinern und schließlich zu Kleinstteilen zerreiben. Und so gelangt das Plastik unsichtbar in die Nahrungskette, wo es Meeresbewohner extrem schädigt – und auch uns Menschen.

Mehrere große und kleine Projekte befassen sich derzeit mit der Frage, wie man diesen Müll wieder aus dem Meer fischen kann. 2016 wurde in Kiel beispielsweise ein Müllsammelschiff namens **Seekuh** erbaut. Der spendenfinanzierte Katamaran soll, angetrieben durch Wind- und Sonnenenergie, zunächst vor Hongkong und danach in der Ostsee auf Müllfang gehen.

Eine andere ehrgeizige Idee stammt von einem Niederländer. Erst 19 Jahre alt war Boyan Slat aus Delft, als er **„The Ocean Cleanup“** ins Leben rief. Per Crowdfunding sammelte der Student sage und schreibe zwei Millionen Dollar, die er in die Entwicklung eines maritimen Müllsammelsystems investierte. Zwei fünfzig Kilometer lange, aufblasbare Fangarme sollen dabei, zu einem riesigen V verbunden, auf dem Meer schwimmen und Müll zu ihrem Scheitelpunkt leiten, wo er von einer Pumpe in Container gesaugt wird. Slat hat inzwischen sein Studium aufgegeben und arbeitet rund um die Uhr an der Verwirklichung seiner Vision. Unter Wissenschaftlern ist seine Meereswaschmaschine umstritten, und erste Tests verliefen bis jetzt nicht erfolgreich. Aber eins hat Boyan Slat schon jetzt geschafft: Er hat viele Menschen für das Thema Plastikmüll im Meer sensibilisiert, und das wird bestimmt Folgen haben.

Fishing for Litter heißt eine weitere Initiative, die Fischer dabei unterstützt, Müll, der sich in ihren Netzen verfängt, professionell zu entsorgen.

Und nicht zuletzt gibt es auch noch den **„International Coastal Cleanup Day“**: Jedes Jahr am 25. September treffen sich weltweit Freiwillige, um Küsten, Gewässer und Flussufer von Müll zu säubern. An diesem Tag kann jeder mitmachen, genau wie bei der vorbeugenden Vermeidung von Plastikmüll, für die wir uns alle stark machen müssen.

Ozean aktiv

Fisch ohne Beigeschmack

Früher gab es eine sprachliche Umschreibung für unendlich große Mengen. Man sagte, es gäbe etwas so zahlreich wie Fische im Meer. Inzwischen wissen wir, dass die Zahl der Meeresfische leider nicht unendlich groß ist. Jährlich werden rund zwei Billionen für den menschlichen Verzehr getötet, und in nur wenigen Jahrzehnten haben sich die Bestände der wichtigsten Speisefische deswegen auf einen Bruchteil ihrer früheren Größe reduziert. Manche sind inzwischen vom Aussterben bedroht.

Betroffen sind aber nicht nur Speisefische, sondern auch andere Arten. Denn in den immer feineren Netzen, die immer tiefer ausgebracht werden, bleiben immer öfter auch Fische hängen, die eigentlich nicht Fangziel der Fischer sind, sogenannter Beifang. Sie enden in großen Mengen als Abfall.

Studien zeigen zum Glück, dass es für die Fischbestände im Meer noch nicht zu spät ist. Nachhaltiger Fischfang kann sie noch retten, und daran können wir alle mitwirken. Wer beim Kauf darauf achtet, wo und wie Fisch aus dem Meer gezogen wurde, leistet einen wichtigen Beitrag zum Artenschutz.

Es gibt inzwischen viele Fischprodukte, die mit Gütesiegeln ausgezeichnet sind. Manche davon sind reine Augenwischerei, andere bewirken wirklich etwas. Zwar erfüllt keins alle Kriterien, die Umweltorganisationen für nachhaltigen

Fischfang fordern, aber einige sind immerhin ein sinnvoller Anfang. Hier die wichtigsten Labels für Speisefisch aus dem Meer:

Das MSC-Siegel, weißer Fisch auf blauem Grund

Initiatoren: Das Marine Stewardship Council (MSC) wurde 1997 auf Initiative des niederländisch-britischen Konzerns Unilever und des WWF (World Wide Fund For Nature) gegründet. Seit 1999 ist es eine unabhängige Organisation, die sich über Spenden und Lizenzgebühren für das Siegel finanziert.
Ziele: Überfischung soll vermieden, Auswirkungen auf das Ökosystem sollen reduziert werden. Die Fischereibetriebe sollen außerdem auf ein verantwortungsvolles und nachhaltiges Management setzen.
Kritik: Umweltorganisationen und Wissenschaftler kritisieren immer wieder, dass die Regelungen des MSC nicht weit genug gehen und die Einhaltung nicht ausreichend überwacht wird.

Safe, ein Delfin (blau oder schwarz), der über Wellen springt

Initiator: 1990 gründete das US-amerikanische „Earth Island Institute“ (EII) das Label „SAFE“.
Ziel: Hier geht es vor allem um Thunfisch. Fischereibetriebe, die dieses Label tragen, dürfen beim Fang keine Delfine töten. Inzwischen verpflichten sich SAFE-Fischereien auch dazu, anderen Beifang zu minimieren und Jung-Thunfische wieder freizulassen.
Kritik: Das Label erfasst nicht, ob ein Thunfisch ökologisch verträglich und nachhaltig gefischt wurde.

Friend of the Sea (FOS) – blaues Schiff mit rotem Rand

Initiator: Das Siegel wurde 2006 von Dr. Paolo Bray, dem europäischen Direktor des Dolphin Safe Labels, gegründet.
Ziel: Er wollte ein schnelleres und kostengünstigeres Gütesiegel als das MSC-Siegel schaffen, das auch für kleinere Traditionsfischereien mit wenig Aufwand umsetzbar ist und umweltfreundliche Produktionswege gewährleistet.

Kritik: Obwohl günstiger, ist das FOS-Gütesiegel kein Billiglabel. In Tests schnitt es mindestens gleich gut ab wie das MSC-Label. Trotzdem gibt es auch hier Kritik an der Überwachung der Standards.

Umweltorganisationen wie beispielsweise die Schweizer Organisation fair-fish raten Verbrauchern, nur Fisch mit einem dieser Labels zu kaufen und nicht öfter als einmal pro Monat Meeresfisch zu essen. Mehrere Umweltorganisationen, zum Beispiel Greenpeace und der WWF, bieten außerdem Einkaufsratgeber für Fisch an. Hier wird nachhaltig gefangener Fisch mit einem Ampelsystem von grün bis rot gekennzeichnet. Die Ratgeber findet man im Internet, manche gibt es auch als App.

Heißer Brei mit Ei - Labskaus kochen

Am Labskaus scheiden sich die Geister. Manche lieben ihn, andere finde, er sehe aus wie bereits mehrfach gegessen, und weigern sich, dies noch ein weiteres Mal zu tun. Was schade ist. Das traditionelle Seemannsgericht schmeckt nämlich viel besser, als sein Aussehen vermuten lässt.
Ein Einheitsrezept für Labskaus gibt es nicht, denn traditionell besteht dieser Brei aus allen Zutaten, die an Bord lange haltbar waren. Meist waren das Kartoffeln, Pökelfleisch (heute Corned Beef) und Rote Beete. Beliebte Zutaten sind außerdem Zwiebeln und Gewürzgurken.
Weil Seeleute wegen des Vitaminmangels auf See oft an Skorbut litten und deswegen keine Zähne hatten, wurde alles weichgekocht und durch den Fleischwolf gedreht. Fertig.
Heute wird das traditionelle Eintopfgericht der Seeleute meist mit einem Spiegelei und einem Rollmops serviert.

Und so geht's (Schnellversion):

Für vier Personen braucht man:

ca. 800 g Kartoffeln
400 g Rote Beete (vorgegarte aus dem Kühlregal)
Je nach Geschmack und Fleischeslust
ein bis zwei Dosen Corned Beef
zwei Zwiebeln
ca. 400 g Gewürzgurken und deren Sud nach Bedarf.
Salz und Pfeffer,
Spiegelei und Rollmöpse nach Geschmack.

Kartoffeln kochen, stampfen. Zwiebeln würfeln und anbraten, Corned Beef zugeben, mitschmoren. Vorgegarte Rote Beete aus dem Kühlregal mit Gewürzgurken und der Zwiebel-Beef-Masse pürieren, je nach Geschmack und Konsistenz Gurkensud zugeben. Alles vermischen und in der Pfanne erwärmen. Spiegelei braten und samt Rollmops dazu servieren.

Im Leuchtturm schlafen – mehr Meer geht nicht

Der Beruf des Leuchtturmwärters – oder Leuchtfeuerwärters, wie er eigentlich heißt - ist einer der einsamsten der Welt. Dank zunehmender Automatisierung der Leuchttürme ist er inzwischen auch zu einem der seltensten Berufe geworden. Fast alle Leuchtfeuer, die Schiffe warnen, werden heute nämlich elektronisch gesteuert, bewohnte Türme gibt es fast nicht mehr.

Die alten Bauwerke mit ihren Wohnungen werden inzwischen oft anders genutzt, als Museen, Hotels oder Ferienwohnungen.

Leuchtturmfans können inzwischen also an vielen Küsten in luftiger Höhe übernachten. Viele dieser Türme liegen sogar auf einer einsamen Insel mitten im Meer und sind nur per Schiff erreichbar. Hier ein paar Beispiele für besonders sturmumtoste und wirklich wildromantische Leuchttürme, in denen man übernachten kann:

Deutschland:

In der Deutschen Bucht, nordöstlich von Wangerooge, steht mitten im Meer der Leuchtturm Roter Sand. Das Bauwerk war in den 1880er Jahren das erste, das direkt auf dem Meeresgrund gebaut wurde. Nicht zuletzt deswegen ist der rotweiße Turm noch immer der bekannteste Leuchtturm der Welt. Man ist hier wirklich ganz den Gezeiten ausgesetzt, und Übernachtungsgäste müssen immer auch damit rechnen, ein paar Tage länger zu bleiben als geplant, wenn das Wetter zu stürmisch wird und das Boot, das die Gäste holen soll, nicht anlegen kann. Für solche Situationen gibt es einen Notvorrat im Turm. Wer hier übernachten will, muss allerdings viel Glück haben. In jedem Jahr gibt es nur wenige Übernachtungstermine, sie sind schnell ausgebucht.

Weil das Anlegen fürs Zubringerschiff schwierig ist, besteht die Gefahr, dass der Übernachtungsbetrieb bald eingestellt wird und auf dem Leuchtturm die Lichter endgültig ausgehen.

Kroatien

Bessere Chancen auf ein Bett im Leuchtturm hat man in Kroatien. Hier gibt es rund ein Dutzend zauberhafter Quartiere in Leuchttürmen, die zum Teil auf winzigen Inseln stehen, zum Beispiel auf den Porer, Sušac, Palagruža, Sveti Ivan oder auch Pločica. Manche dieser Türme werden immer noch von Leuchtturmwärtern betreut.

An- und Abreise können sich natürlich auch hier wetterbedingt verschieben, und wer Luxus sucht, ist hier falsch. Dafür findet man hier Leuchtturmromantik zu realistischen Preisen.

Norwegen, Finnland

Viele Adressen für wahrhaft wind- und wellengepeitschte Leuchtturmquartiere findet man in Norwegen und Finnland. Wollsocken und ein Rollkragenpullover sollten hier im Gepäck nicht fehlen. Beispiele in Norwegen sind Litløy fyr, Store Torungen oder Lyngør.
Skandinaviens höchsten Leuchtturm findet man auf der finnischen Insel Bengstkär. Seit man dort übernachten kann, ist Bengtskär auch die südlichste bewohnte Insel Finnlands. Weitere finnische Leuchtturmquartiere gibt es auch auf Söderskär und Tankar. Die Wohnungen und Zimmer befinden sich in Norwegen und Finnland allerdings oft nicht im eigentlichen Turm, sondern im benachbarten Leuchtturmwärterhaus.

Schottland und Irland

In Schottland und Irland gibt es ebenfalls viele wildromantische Quartiere bei Leuchttürmen. Auch hier schläft man aber meistens nicht im Turm, sondern im Leuchtturmwärterhaus. Wer ein bisschen sucht, kann aber auch Turmzimmer finden, zum Beispiel im Leuchtturm Wicklow Head in Irland.

Italien
Keine Turmzimmer, selten Stürme, aber dafür ganz viel Romantik und sogar Luxus, das bietet der Leuchtturm Faro Capo Spartivento auf Sardinien. Die Leuchtturmanlage aus dem Jahr 1866 steht auf einem steil abfallenden Felsen hoch über dem Meer und birgt heute ein einsam gelegenes Hotel mit Pool. So viel Luxus hat natürlich seinen Preis. Aber wenn es anders wäre, würde man hier auch nie wieder abreisen wollen.

Und zum Schluss:

Irischer Segenswunsch

Möge die Kraft des Meeres
dir neuen Mut machen,
wann immer du ihn
am meisten brauchst.

Danke!

Bei der Arbeit an diesem Buch wäre ich manchmal vielleicht untergegangen, wenn die Unterstützung von Familie, Freunden und Kollegen mich nicht über Wasser gehalten hätte.
Mein Mann hat mit Engelsgeduld Bernstein gesucht, Queller gegessen, Nixchen gedichtet, Ideen eingebracht und alle Texte gelesen und kommentiert. Meine Töchter und meine Freundin Tina Schrade haben das Manuskript mit scharfem Blick gelesen und mir viele Anregungen gegeben. Meine Freundinnen und Kolleginnen Susanne Oswald, Miriam Mann und Kathrin Schachtschabel haben mit mir so manche Klippe umschifft. Und meine Lektorin Mareike Neukam hat mir mit ihrer eigenen Begeisterung für das Meer immer wieder neuen Schwung gegeben. Allen sei aus ganzem Herzen gedankt!
Ja, man sitzt viel zu selten am Meer. Aber mit den richtigen Menschen ist es überall schön.